北京航空航天大学科学技术研究院◎组编

人 民 邮 电 出 版 社

北 京

图书在版编目（CIP）数据

青年拔尖人才说航天. 第一辑 / 北京航空航天大学科学技术研究院组编. -- 北京 : 人民邮电出版社, 2023.5
ISBN 978-7-115-61063-8

Ⅰ. ①青… Ⅱ. ①北… Ⅲ. ①航天科技－普及读物 Ⅳ. ①V1-49

中国国家版本馆CIP数据核字(2023)第034724号

内 容 提 要

本书基于北京航空航天大学科学技术研究院组织的“零壹科学沙龙”航天专题研讨活动，在15篇由青年拔尖人才结合各自取得的阶段性科研成果所做的科普报告的基础上整理、集结而成。全书涵盖了小卫星、卫星编队/星座、智能航天器、航天遥感、飞行器故障检测与诊断、临近空间飞行器、固液混合火箭发动机、电推进、凝胶推进剂、高温超导磁悬浮亚微牛精度推力测量、燃烧热释放率测量、碳烟固体小颗粒、可折叠并自展开柔性复合材料结构、太空安全、人工智能助力飞行动力学与控制等内容。

本书以通俗易懂的语言介绍航天领域前沿的科技知识，适合广大科技爱好者阅读，也可作为相关专业研究人员的参考书。

◆ 组　　编　北京航空航天大学科学技术研究院
责任编辑　刘盛平
责任印制　焦志炜

◆ 人民邮电出版社出版发行　　北京市丰台区成寿寺路11号
邮编　100164　　电子邮件　315@ptpress.com.cn
网址　https://www.ptpress.com.cn
北京捷迅佳彩印刷有限公司印刷

◆ 开本：700×1000　1/16
印张：16.5　　　　2023年5月第1版
字数：232千字　　　　2023年5月北京第1次印刷

定价：79.80元

读者服务热线：(010)81055552　印装质量热线：(010)81055316
反盗版热线：(010)81055315
广告经营许可证：京东市监广登字20170147号

寄语

林群

中国科学院院士

普及科学技术知识、弘扬科学精神、传播科学思想、倡导科学方法，为我国实现高水平科技自立自强贡献力量！

林群

刘大响

中国工程院院士

仰望星空　放飞梦想

脚踏实地　砥砺奋进

刘大响

戚发轫

中国工程院院士

不忘空天报国的初心

牢记空天强国的使命

戚发轫

徐惠彬

中国工程院院士

深化人才发展体制机制改革，激发青年科技人才创新活力。

徐惠彬

赵沁平
中国工程院院士

使我国科技从跟踪追赶世界科技强国，转变为与世界科技强国并跑，进而领跑世界科技，是新时代青年科技创新人才的历史际遇和伟大的历史使命。

赵沁平

王华明
中国工程院院士

交叉融合
開拓創新

王華明

房建成
中国科学院院士

服务国家重大需求，
勇攀世界科技高峰。

房建成

郑志明
中国科学院院士

在强调基础创新的时代，追求推动现代工程技术重大发展的科学原理，比简单占有和应用科技知识更为可贵。

郑志明

向锦武

中国工程院院士

求是惟真
探索尽前

向锦武

苏东林

中国工程院院士

牢记北航人传统，传承电磁人文化，
报效祖国，服务国防。

苏东林

王自力

中国工程院院士

牢记科技强国、实现报国使命责任，
踔厉奋发、创新争先、笃行不怠，
为祖国高水平科技自立自强和人类
美好的明天而不懈奋斗。

王自力

钱德沛

中国科学院院士

脚踏实地，不断登攀，
把青春岁月献给亲爱的祖国！

钱德沛

赵长禄

北京航空航天大学党委书记

繁荣学术　求真务实
勇于创新　自立自强

赵长禄

王云鹏

北京航空航天大学校长、党委副书记
中国工程院院士

传承北航空天报国精神
为党育人，为国育才
青年拔尖人才使命光荣

丛书编委会

本书编委会

主　编：王伟宗

编　委（按姓氏笔画排序）：

方子玄　王伟宗　白江波　艾绍洁　史振威　刘　昊
任　和　孙　亮　朱　浩　师　鹏　刘天伟　刘丽芹
汤海滨　宋　佳　张　玥　陈　琳　杨文将　杨立军
张可昕　肖明阳　邹征夏　李家军　李敬轩　赵　鹏
钟　睿　赵旭瑞　徐　明　高园园　徐维乐　龚胜平
梁炫烨　程　林　韩　旺　富庆飞

FOREWORD 序

党的十八大以来，习近平总书记对高等教育提出了一系列新论断、新要求，并多次对高等教育、特别是“双一流”高校提出明确要求，重点强调了基础研究和学科交叉融合的重要意义。基础研究是科技创新的源头，是保障民生和攀登科学高峰的基石，“高水平研究型大学要发挥基础研究深厚、学科交叉融合的优势，成为基础研究的主力军和重大科技突破的生力军”。

北京航空航天大学（简称“北航”）作为新中国成立后建立的第一所航空航天高等学府，一直以来，全校上下团结拼搏、锐意进取，紧紧围绕“立德树人”的根本任务，持续培养一流人才，做出一流贡献。学校以国家重大战略需求为先导，强化基础性、前瞻性和战略高技术研究，传承和发扬有组织的科研，在航空动力、关键原材料、核心元器件等领域的研究取得重大突破，多项标志性成果直接应用于国防建设，为推进高水平科技自立自强贡献了北航力量。

2016 年，北航启动了“青年拔尖人才支持计划”，重点支持在基础研究和应用研究方面取得突出成绩且具有明显创新潜力的青年教师自主选择研究方向、开展创新研究，以促进青年科学技术人才的成长，培养和造就一批有望进入世界科技前沿和国防科技创新领域的优秀学术带头人或学术骨干。

为鼓励青年拔尖人才与各合作单位的专家学者围绕前沿科学技术方向

及国家战略需求开展“从 0 到 1”的基础研究，促进学科交叉融合，发挥好“催化剂”的作用，联合创新团队攻关“卡脖子”技术，2019 年 9 月，北航科学技术研究院组织开展了“零壹科学沙龙”系列专题研讨活动。每期选定 1 个前沿科学研究主题，邀请 5 ～ 10 位中青年专家做主题报告，相关领域的研究人员、学生及其他感兴趣的人员均可参与交流讨论。截至 2022 年 11 月底，活动已累计开展了 38 期，共邀请了 222 位中青年专家进行主题报告，累计吸引 3 000 余名师生参与。前期活动由北航科学技术研究院针对基础前沿、关键技术、国家重大战略需求选定主题，邀请不同学科的中青年专家做主题报告。后期活动逐渐形成品牌效应，很多中青年专家主动报名策划报告主题，并邀请合作单位共同参与。3 年多来，“零壹科学沙龙”已逐渐被打造为学科交叉、学术交流的平台，开放共享、密切合作的平台，转化科研优势、共育人才的平台。

将青年拔尖人才基础前沿学术成果、“零壹科学沙龙”部分精彩报告内容集结成书，分辑出版，力图对复杂高深的科学知识进行有针对性和趣味性的讲解，以“宣传成果、正确导向，普及科学、兼容并蓄，立德树人、精神塑造”为目的，可向更多读者，特别是学生、科技爱好者，讲述一线科研工作者的生动故事，为弘扬科学家精神、传播科技文化知识、促进科技创新、提升我国全民科学素质、支撑高水平科技自立自强尽绵薄之力。

北京航空航天大学副校长

2022 年 12 月

PREFACE 前言

外太空是人类未来发展的深度空间，也是科学技术的制高点。2016年4月24日，习近平总书记在首个“中国航天日”做出重要指示:“探索浩瀚宇宙，发展航天事业，建设航天强国，是我们不懈追求的航天梦。”60多年来，我国航天事业在党中央的坚强领导下，在全国人民的大力支持下，经过几代航天人的接续奋斗，实现了从无到有、从小到大、从弱到强的跨越发展，取得了一系列举世瞩目的辉煌成就。

作为新中国成立后建立的第一所航空航天高等院校，北京航空航天大学秉承为国家国防和航天事业发展学科、培养人才、开展前沿和战略高技术研究的宗旨，深度参与并见证了我国航天事业的发展。早在1958年，以火箭系师生为主研制并成功发射的亚洲第一枚近代探空火箭“北京二号”就受到了周恩来总理等党和国家领导人的高度好评。近年来，北航承担了一批载人航天工程、探月工程、多种新型卫星、新一代运载火箭及国家863计划、973计划、国家自然科学基金、民用航天与国防预研以及各航天院所的科研任务，培养了一大批我国国防和航天事业的领导和骨干，成为推动中国航天事业进步的重要力量。

本书以15篇由北京航空航天大学青年拔尖人才支持项目的阶段性科研成果及相关青年学者在航天热点领域的研究进展所做的科普报告为基础整理、集结而成，内容从一个侧面反映了北京航空航天大学在航天科学技术研究领域的最新面貌。本书深入浅出地介绍了多个航天领域的专业科学技术知识，非常适合对航天领域感兴趣的广大科技工作者阅读，也可作为相关专业研究人员的参考书，更希望本书能够大力弘扬航天精神，激发普通读者崇尚科学、探索未知、敢于创新的热情，增强公众的科学素养，凝聚实现中国梦、航天梦的强大力量。

李东

长征五号系列运载火箭总设计师

2022 年 12 月

目录 CONTENTS

目录 CONTENTS

目录 CONTENTS

目录 CONTENTS

目录 CONTENTS

目录 CONTENTS

从小卫星走近航天工程

北京航空航天大学宇航学院

孙 亮 赵旭瑞

1957 年 10 月 4 日，苏联发射了第一颗人造地球卫星——斯普特尼克 1 号（Sputnik 1），揭开了人类航天时代的序幕。1970 年 4 月 24 日，东方红一号卫星发射成功，开创了中国航天史的新纪元，使中国成为继苏联、美国、法国、日本之后世界上第五个能独立研制并发射人造地球卫星的国家。时至今日，"北斗""风云""资源"等系列卫星升空，为民众的生活提供了各种各样的保障，航天技术已在悄然间融入了人们的日常生活。那么，卫星是如何从地面发射到太空，航天飞行任务又是怎样进行的呢？下面以小卫星为切入点，带领大家走近航天工程。

什么是小卫星

小卫星是 20 世纪 80 年代后期在传统卫星基础上融合微机电、轻质材料等高新技术之后迅速发展起来的新型卫星。目前，质量在 1 000 kg 以下的卫星统称为小卫星，根据质量不同，小卫星还可细分为若干种类，如表 1 所示 [1]。

表 1　小卫星分类

中文名称	英文名称	质量 /kg
小型卫星	Smallsat	500 ～ 1 000
迷你卫星	Minisat	100 ～ 500
微卫星	Microsat	10 ～ 100
纳卫星	Nanosat	1 ～ 10
皮卫星	Picosat	0.1 ～ 1
飞卫星	Femtosat	＜ 0.1

相对于传统大型卫星，小卫星具有自重小、体积小、发射方式灵活、研制周期短、研制成本低等优势，在近年来的商业航天发展浪潮中受到越来越广泛的关注 [2]。同时，为了弥补单颗小卫星空间能力的不足，卫星编队飞行、全球星座组网等技术已成为新的研发热点。典型代表有美国太空探索技术公司（SpaceX）的"星链"计划 [见图 1(a)] 以及我国长光卫

星技术股份有限公司的吉林一号卫星星座［见图 1(b)］。

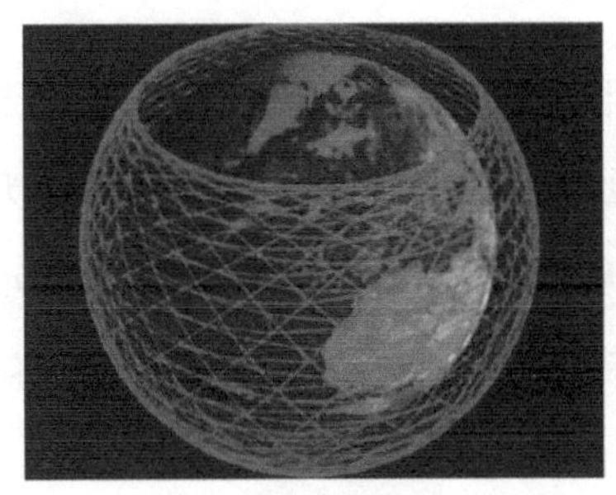

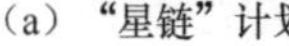
（a）“星链”计划

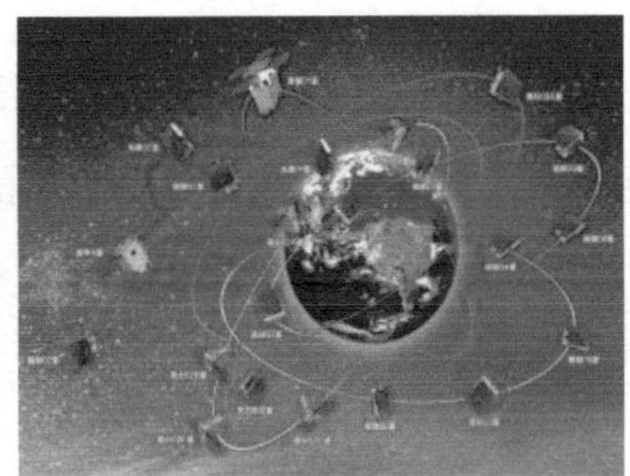

（b）吉林一号卫星星座

图 1　卫星星座计划

航天工程大系统的组成

一颗卫星要想发射升空，需要依赖包括航天器、运载火箭、航天发射场、航天测控网系统等在内的航天工程大系统（见图 2），“闭门造车”绝不可行[3]。在航天任务运转过程中，航天工程大系统各子系统分工明确、紧密配合，共同保障任务的成功。形象地说，卫星就像一名“乘客”，需要乘坐“公交车”（运载火箭），从“车站”（发射场）前往“目的地”（太空）。当然，对于一些特殊的航天器，如载人飞船，还会涉及航天员系统以及航天回收场系统等。

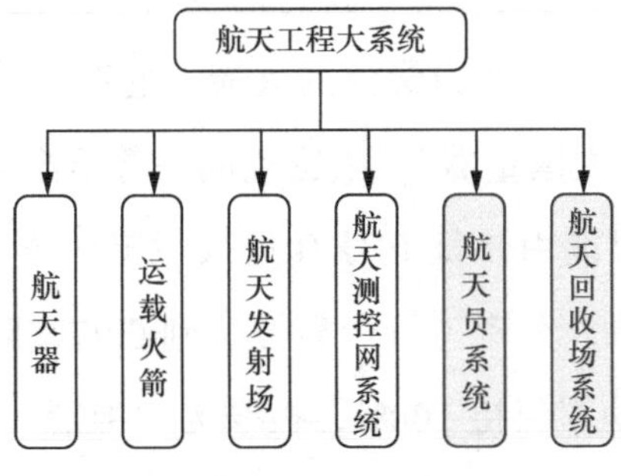

图 2　航天工程大系统的主要组成

1. 航天器

航天器是指执行探索、开发、利用太空以及地球以外天体等特定任务的飞行器，人造地球卫星即为最常见的航天器[4]。航天器是执行航天任务的主体，按照是否载人可分为无人航天器和载人航天器，如图 3 所示。无人航天器除卫星外，还有货运飞船、深空探测器等；载人航天器则包括空间站、载人飞船、航天飞机等[5]。

（a）嫦娥五号月球探测器（无人航天器）

（b）美国航天飞机（载人航天器）

图 3　典型航天器

2. 运载火箭

运载火箭是由多级火箭组成的航天运载工具，可以将航天器送入预定轨道。运载火箭的发展水平代表着一个国家进入空间的能力，是发展空间技术、开发空间资源的基础。图 4 所示为我国长征系列运载火箭部分型谱。不同型号的火箭具有不同的特点，执行的空间任务也有所区别。例如，长征五号 B 是我国目前运载能力最强的火箭，近地轨道的运载能力可达 25 吨以上，是绝对的“大国重器”，天宫空间站等重型载荷以及嫦娥五号等深空探测航天器都只能由长征五号 B 送入预定轨道；长征二号 F 是我国唯一的载人运载火箭，火箭飞行可靠性达到 0.97，航天员的安全性达到 0.997，至今发射成功率保持 100%，被誉为“神箭”，是中国载人航天事业飞速发展的重要保障。

图 4　长征系列运载火箭部分型谱

3. 航天发射场

航天发射场是发射航天器的特定区域，支持运载火箭和航天器组装、测试和发射工作，并可对飞行中的运载火箭及航天器进行跟踪测量以完成发射的后勤保障等工作。中国主要有 4 大航天发射场，分别位于酒泉、西昌、太原和文昌[6]。不同的发射场往往面向不同的发射轨道，适配不同型号的运载火箭。例如，文昌航天发射场（见图 5）可以发射长征五号与长征七号运载火箭，主要承担地球同步轨道卫星、大吨位空间站和深空探测航天器等发射任务；酒泉卫星发射中心则是中国唯一的载人航天发射场，航天员均由此出发进入太空。

图 5　文昌航天发射场

4. 航天测控网系统

航天测控网系统是完成运载火箭及航天器跟踪测轨、遥测信号接收与处理、遥控信号发送任务的综合电子系统，其目标是确保测控对象按照预定状态和计划完成航天任务。航天测控网系统一般由任务指挥控制中心以及众多测控站组成，必要时也会增加航天测量船以及测控卫星以完成测控任务。

航天器的组成

航天器一般由有效载荷与平台两部分组成。其中，有效载荷决定了航天器的用途，是航天器的专用系统，如通信卫星的通信转发器以及导航卫星的高稳定度的原子钟等。平台是有效载荷工作的保障系统，不同的航天器虽然基本形态各异，但平台组成基本相同，均包括结构、热控、姿轨控、星务、电源、测控数传等典型分系统，如图 6 所示。各分系统就像人体的各个组织器官，分工明确但又密切配合，共同保障航天器的正常运转。

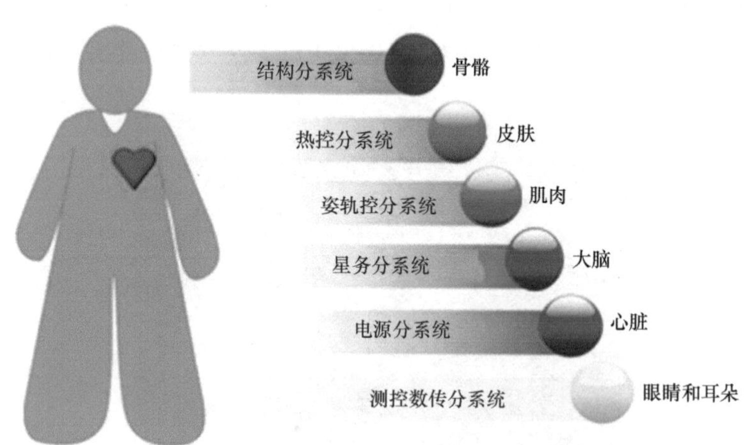

图 6　航天器分系统与人体组织器官类比

1. 结构分系统

结构分系统是航天器的“骨骼”，它确定了整个航天器的构型并为航天器上的其他设备提供了安装接口。此外，在航天器贮存、运输以及发射过程中，结构分系统可以最大限度地保护内部设备免受外界动静载荷的干扰，保证设备安全[7-8]。微卫星的结构往往采用框架箱板式结构（见图 7），即安装板与承力板一体化设计，结构强度高、传力路径清晰且内部空间大，极大地提高了结构设计效率。

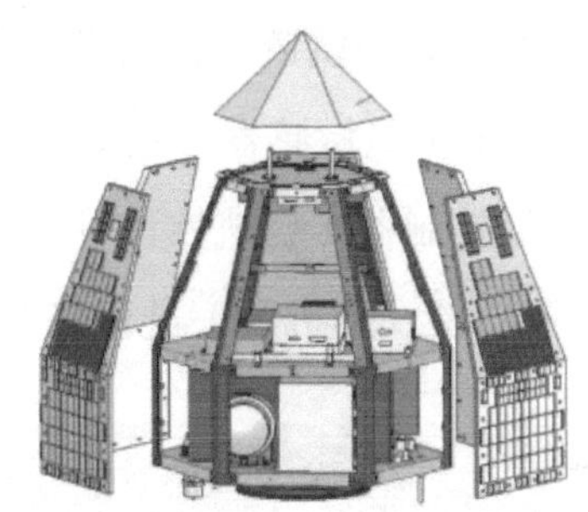

图 7　框架箱板式结构（天巡一号）

2. 热控分系统

热控分系统是航天器的“皮肤”，它的任务是保证航天器内部各个设备在寿命周期内都处于正常的工作温度范围。航天器在轨运行过程中，会交替进入太阳的光照区与阴影区，外部环境温度可能会在零下一百多摄氏度到零上一百多摄氏度内剧烈波动，若不采用热控措施，绝大多数航天器内设备都不能正常工作。常用的热控措施是采用多层隔热材料（见图 8）、热控涂层等被动方式以及电加热片、斯特林制冷机等主动方式[9-10]。

图 8　多层隔热材料

3. 姿轨控分系统

姿轨控分系统是航天器的“肌肉”，主要用于保持或改变航天器的运行姿态和轨道，是姿态控制分系统和轨道控制分系统的总称。其中，姿态控制是控制航天器整体绕质心转动或航天器上的部件相对航天器的转动，从而满足特殊的姿态需求（例如，天文望远镜的定向观测需求）；轨道控制则是使航天器质心保持在需要的轨道上，完成轨道保持或轨道机动。姿轨控分系统一般由敏感器［如恒星敏感器（见图 9）、磁强计等］测定航天器当前姿态及轨道信息，经控制器（姿轨控计算器）运算后驱动执行部件（如动量轮、磁力矩器、姿轨控发动机等）进行姿态与轨道的调整[11]。

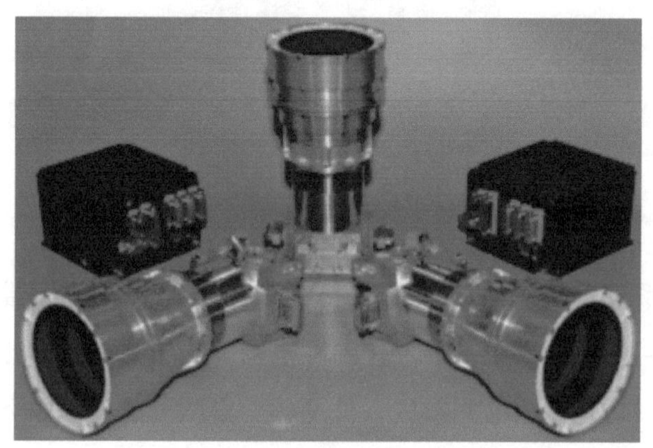

图 9　恒星敏感器

4. 星务分系统

星务分系统是航天器的“大脑”，包括星务计算机及其软件，其作用是实时处理星上各类数据，在各分系统的配合下实现航天器能源管理、主动热控、故障识别、时统维护、整星安全管理等各项功能[12]。星务分系统具有除地面遥控指令外星上设备的最高控制权限，与电源、测控数传、姿轨控等各分系统都要进行信息交换与传输，工作十分“繁忙”，航天器各任务能有条不紊地运行，它是最大功臣。

5. 电源分系统

电源分系统是航天器的“心脏”，其基本的功能和作用是通过光电转化，将光能转化成电能，并根据需要进行储存、调节和变换，在航天器的各飞行阶段给各设备提供和分配电能[13]。一般来说，电源分系统包括太阳电池阵（见图 10）、蓄电池组和能源控制器 3 部分。太阳电池阵在光照区接收太阳光并将其转化为电能，在满足航天器用电负荷的同时将多余的能量储存在蓄电池组中，航天器处于阴影区或太阳电池阵输出功率不足时，则由蓄电池组供电；能源控制器是电能调节设备，太阳电池阵或蓄电池组的能量往往不是直接供给负载，而是先输送给能源控制器，由能源控制器完成电压转换、功率分配等工作。

图 10　国际空间站太阳电池阵

6. 测控数传分系统

测控数传分系统是航天器的“眼睛和耳朵”，是航天器对外通信的系统，主要包括遥测、遥控以及数传 3 部分功能。航天器入轨后，地面工作人员需要一直监测其运行状况，并在此基础上对航天器任务计划进行适当的调整。如图 11 所示，航天器通过地面站上空时，该分系统会将表明航天器状态的重要信息（如轨道信息、设备工作温度信息等）传送至地面站，供地面人员判断航天器状态，这就是遥测信息下传的过程；同样，地面人员也可在航天器过境时由地面站向航天器发送指令，航天器收到后就会执行相应指令，这就是遥控指令上传的过程。航天器载荷数据（如遥感图像、科学探测数据）的数据量往往较大，需要通过专门的数传通道快速下传至地面[14]。

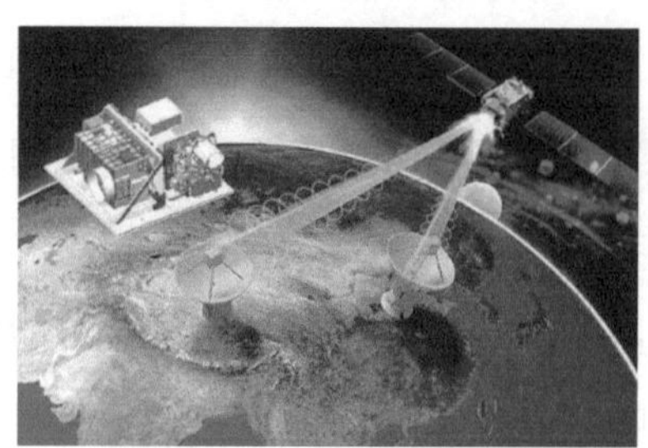

图 11 航天器与地面通信

北航亚太一号卫星

在小卫星发展的浪潮下，北航也开展了自己的小卫星研制工作，2021 年 10 月 14 日，北航抓总研制的首颗卫星——北航亚太一号（见图 12）在太原卫星发射中心搭载长征二号丁运载火箭发射升空，并在后续在轨运行过程中顺利完成了各项既定任务。

(a) 设计图

(b) 实物图

图 12 北航亚太一号卫星

北航亚太一号卫星运行在高度为 517 km 的太阳同步轨道（Sun Synchronous Orbit，SSO），SSO 的特点是轨道面转动角速度与地球公转角速度相同，卫星轨道平面和太阳始终保持着相对固定的指向。在 SSO 运行的卫星，以相同方向经过同一纬度地区时，当地时间相同、具有相近的光照条件，由此引入降交点地方时作为轨道的一个重要参数。北航亚太一号卫星降交点地方时为 18:00，卫星始终运动在地球晨昏线附近，因此该轨道又称为“晨昏轨道”。该卫星升空后，以北航学院路地面站为中心的航天测控网系统便开始进行跟踪，根据卫星过境时发送的遥测信息判断卫星在轨状态，并在适当时刻上传指令以执行在轨任务。图 13 所示为北航学院路地面站天线。

图 13　北航学院路地面站天线

下面简要介绍一下北航亚太一号卫星各分系统的情况。

① 对于结构分系统，北航亚太一号卫星采用框架箱板式结构，即安装板与承力板一体化设计，在保证承载能力的同时，提高了材料的利用率。卫星在搭载发射过程中所处的力学环境极为恶劣，因此卫星结构设计完成后必须经过有限元仿真与力学振动试验等一系列评估工作，评估合格后才能进行发射。

② 北航亚太一号卫星热控分系统采取“被动为主、主动为辅”的热控策略：一方面，卫星外表面包覆的多层隔热材料类似于卫星的“外衣”，将星内星外热环境隔离开，以保护星内设备；另一方面，针对蓄电池等对

温度敏感的设备，在其表面贴上加热片，在设备温度低于阈值时可以开启加热片主动加热，保证设备温度需求。

③ 北航亚太一号卫星电源分系统采用经典的“太阳电池阵 + 蓄电池组 + 能源控制器”的配置，为整星设备提供和分配电能。值得注意的是，在晨昏轨道运行的北航亚太一号卫星 80% 的在轨时间均处于光照区，光照充足，能源状况良好。

④ 北航亚太一号卫星姿轨控分系统采用“3 个动量轮 + 三轴磁棒”的配置。3 个动量轮位于 3 个正交的坐标轴上，可以提供不同方向的角动量；三轴磁棒则可用于动量轮的卸载。为保证主太阳电池阵时刻处于接收太阳能最有利的角度，卫星姿态一般保持在对日定向模式，只有在执行类似于对地遥感拍照在内的特定任务时，卫星姿态才会进行调整，转换至对地定向模式。

⑤ 北航亚太一号星务分系统采用双机冗余结构，包含主机与备机。两个单机电路完全相同，默认状态下主机工作，若主机出现故障，则备机会自动开机，“接管”卫星，冗余电路的设计极大地提升了卫星的可靠性。

⑥ 北航亚太一号卫星的测控数传分系统包括 UV 波段与 S 波段两个通道。其中，UV 波段用于卫星的遥测、遥控，卫星过境时可及时判断其运行状态，并通过地面站上传预定指令，遥感照片等载荷数据则通过 S 波段下传至地面站。

北航亚太一号卫星共配置 6 个有效载荷，分别为盘绕式伸展臂、空间相机、对地遥感相机、ADS-B 系统、星间通信设备和电推进器离轨装置。其中，盘绕式伸展臂是北航自主研发的大柔性、高展开收拢比空间一维展开机构，在本次飞行任务过程中完成了国内首次盘绕式伸展臂的在轨展开（见图 14）。

北航亚太一号卫星隶属于亚太空间合作组织大学生小卫星（APSCO-SSS）项目，写入了《2016 中国的航天》白皮书，是中国国家航天局“一带一路”国际化空间发展战略中的重点项目。它的成功发射，展现了北航在亚太地区国际空间科学与技术教育领域的引领作用，也将进一步促进亚太地区空间科学和技术的合作。

图 14　盘绕式伸展臂在轨展开（星上空间相机拍摄）

结语

“宇宙航行之父”齐奥尔科夫斯基曾说过：“地球是人类的摇篮，但人类不可能永远被束缚在摇篮里。”20 世纪 50 年代后，人类进入航天时代，向着星辰大海的征途不断探索，不断追寻宇宙的真理。在此背景下，中国航天事业的发展同样如火如荼，“嫦娥”探月、“天问”探火、“羲和”逐日、“天宫”筑梦，中国航天人正在建设航天强国的道路上不断奋斗。时代的接力棒在传递，作为中国航天事业的建设者，北航将会培养出更多新时代航天优秀人才，让“空天报国”红色基因在学生中代代传承。

参考文献

[1]　陈志峰，王建宇，付碧红．微小卫星通用平台技术简介[J]．红外，2004(5): 35-38.

[2] 宋海, 张家彪, 陈莉, 等. 微小卫星发展进程研究综述[J]. 中国航班, 2019(7): 78-80.

[3] 高耀南, 王永富, 等. 宇航概论[M]. 北京: 北京理工大学出版社, 2017.

[4] 张庆君, 刘杰, 等. 航天器系统设计[M]. 北京: 北京理工大学出版社, 2017.

[5] 胡浩, 裴照宇, 李春来, 等. 无人月球采样返回工程总体设计——嫦娥五号任务[J]. 中国科学: 技术科学, 2021 (11): 1275-1286.

[6] 李玲丽, 齐真. 我国航天发射的新摇篮——海南文昌航天发射场[J]. 国际太空, 2016(7): 13-15.

[7] 陈烈民. 航天器结构与机构[M].北京: 中国科学技术出版社, 2005.

[8] 陈靖. 天巡一号微小卫星正样星结构设计与力学环境试验研究[D]. 南京: 南京航空航天大学, 2012.

[9] 侯增祺, 胡金刚. 航天器热控制技术—原理及其应用[M]. 北京: 中国科学技术出版社, 2007.

[10] 马海波. 微纳卫星机热系统设计及关键技术研究 [D]. 北京: 北京航空航天大学, 2012.

[11] HE L, MA W, GUO P, et al. Developments of attitude determination and control system of microsats: A survey:[J]. Proceedings of the Institution of Mechanical Engineers, Part I: Journal of Systems and Control Engineering, 2021, 235(10): 1733-1750.

[12] 彭宇, 孙树志, 姚博文, 等. 微小卫星星载综合电子系统技术综述[J]. 电子测量与仪器学报, 2021, 35(8): 1-11.

[13] LI G. Power from space prospects for the 21st century[J]. Space Technology, 1997(5-6): 259-263.

[14] DUDÁS L, VARGA L, SELLER R. The communication subsystem of Masat-1, the first Hungarian satellite[J]. Proceedings of SPIE. 2009 (7502). DOI:10.1117/12.837484.

孙亮，北京航空航天大学宇航学院新飞行器技术系副教授，担任北航首颗小卫星常务副总师，兼任亚太空间合作组织教育中心和联合国附属空间科技教育亚太区域中心教师。研究方向为微小卫星技术、航天器动力学与控制、新概念飞行器设计、空间在轨操控等。

赵旭瑞，北京航空航天大学宇航学院博士研究生，北航亚太一号卫星学生总师。研究方向为小卫星总体设计、结构设计与优化、空间展开机构设计、卫星热控技术等。

卫星编队 / 星座

北京航空航天大学宇航学院

陈 琳 徐 明 师 鹏

航天领域带来的新技术早已深刻地改变了我们的日常生活，我们的衣食住行乃至生老病死都离不开航天技术带来的便利。而航天技术的集大成之作，便是在我们头顶飞行的一颗颗人造卫星了。人造卫星包括不受地形限制，为地面远距离通信提供支持的通信卫星；让人类能够接收全球无死角的天气情况，提前预测气象灾害信息以挽救人民生命财产安全的气象卫星；高挂天空之上，如同一颗颗大眼睛般为我们不停地探察地面情况，在测绘、海洋、卫生、统计、农业、环保、国土资源、交通、水利、城市规划、防灾减灾等方面发挥重要作用的遥感卫星；给各类用户提供定位、测速和授时功能的导航卫星；为人类培育了大量具有优越特性的太空种子的返回式卫星。人造卫星是航天技术皇冠上的明珠，也是人类名副其实的好助手。

随着遥感、通信、新材料、新结构、人工智能等技术的发展，人造卫星将变得越来越灵敏、精确、高效与智能，将会更深地介入人类生活，为人类提供更好的服务，不断拓展人类的生理和智力极限，从宏观上帮助人类进入更广阔的宇宙，微观上协助人类过上更好的日常生活。在卫星发展的浪潮中，以空间站为代表的大型多功能人造卫星和以卫星编队 / 星座为代表的大量模块化协同工作的小卫星成了人造卫星未来的发展方向。这里我们将从人造卫星开始，重点介绍由多颗卫星协同工作的人造卫星工作模式，谈一谈卫星编队 / 星座的前世今生，以及它们是怎么为人类工作的。

什么是卫星编队 / 星座

要描述卫星编队 / 星座，绕不开人造卫星。在地面上，物体被抛出的初速度越大，就会飞得越远。如果没有空气阻力，当速度足够大时物体就永远不会落到地面上来，它将围绕地球旋转成为一颗绕地球运动的人造卫星[1]。基于这个原理，研究人员用火箭或其他运载工具把卫星发射到预定的轨道，使它环绕着地球或其他行星运转，以便进行探测或科学研究。图 1 所示为世界上第一颗人造卫星，由苏联于 1957 年 10 月 4 日发射。

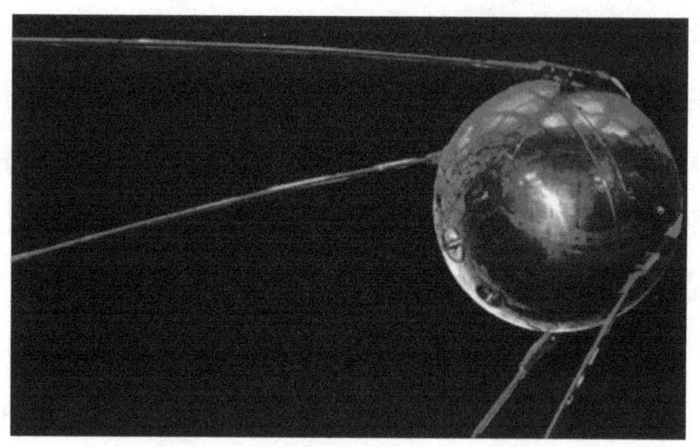

图 1　世界上第一颗人造卫星

图 2 所示为运行在地球上空的人造卫星的分布情况。截至 2020 年 7 月 31 日，地球轨道上有 2 787 颗人造卫星在工作。其中，美国卫星 1 425 颗，中国卫星 382 颗，俄罗斯卫星 172 颗，其余参与航天探索的国家共有 808 颗卫星。人造卫星是发射数量最多、用途最广、发展最快的航天器。

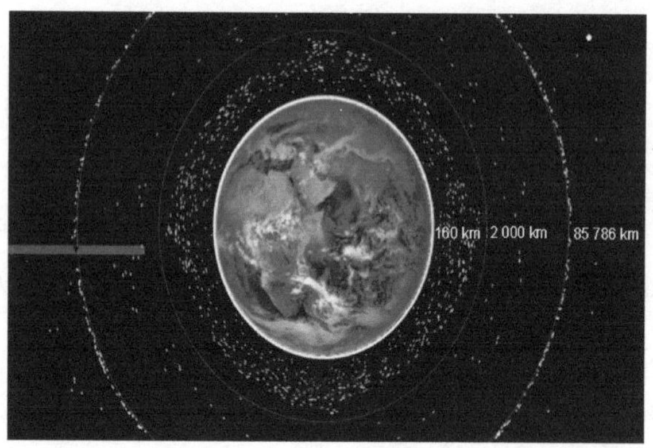

图 2　运行在地球上空的人造卫星的分布情况

人造卫星想要发挥出自己的作用，就需要运行在研究人员们给它规划好的轨道上。这里的轨道就像火车的铁轨一样，卫星必须老老实实地在上面运行，才能为人们提供优质的服务。当下，人造卫星的发展存在着两个潮流：一是将体型更大的、性能更加优越的单个大型人造卫星发射升空，以完成更高要求的任务；二是发射大量小型人造卫星，通过卫星间的协同工作实现更高的性能，达到完成任务要求的性能指标。如何让后者的卫星们更加高效地相互配合、相互利用，正是我们今天要讲述的主题——卫星编队 / 星座所涉及的内容。

卫星编队一般是在空间上由多颗卫星组成一定编队构型的系统，编队中的每颗卫星相互协同工作、相互联系，共同完成通信、侦察和导航等任务，整个星群构成一个超大的“虚拟卫星”或卫星网络系统。通俗地说，有点像鸟类迁徙时，每只鸟之间保持一定距离，组队飞翔，形成的“人字形”编队（见图 3）。通过编队，卫星成员之间团体合作可达到“1+1>2”的效果。

图 3　鸟类飞行时的编队

举例而言，合成孔径雷达获取地面目标信息的能力随卫星物理尺寸的增大而增强，但单颗卫星在控制成本的情况下体积有限，获取信息的能力也因此受到限制。通过卫星编队技术，我们可以将空间多颗卫星组成一个分布式合成孔径雷达，从而实现对地面目标的高精度观测。卫星编队在对地观测、天文观测及深空探测等领域具有重大应用前景，是未来航天任务的关键技术。

卫星编队技术的实现就在于设计两条乃至多条的卫星轨道，使得多颗卫星之间的相对运动存在一定的规律，并利用这样的规律来开展航天任务。卫星编队之间有规律的相对运动模式叫作卫星编队的构型。一般而言，卫星编队的构型一般以 3 种形式存在：跟飞、绕飞与伴飞，如图 4 所示。跟飞，顾名思义，就是一颗卫星一直跟在另一颗卫星后面运动，从星和主星相隔一定距离，按照预设顺序运行于相同轨道上 [2]；绕飞是从星运行于主星坐标系内做圆形或椭圆形相对运动 [3]；伴飞则是在跟飞的基础上拓展的概念，从星可以在主星周围的任意一点与主星相对静止，但是这种模式消耗燃料较多，一般不被选择 [4]。

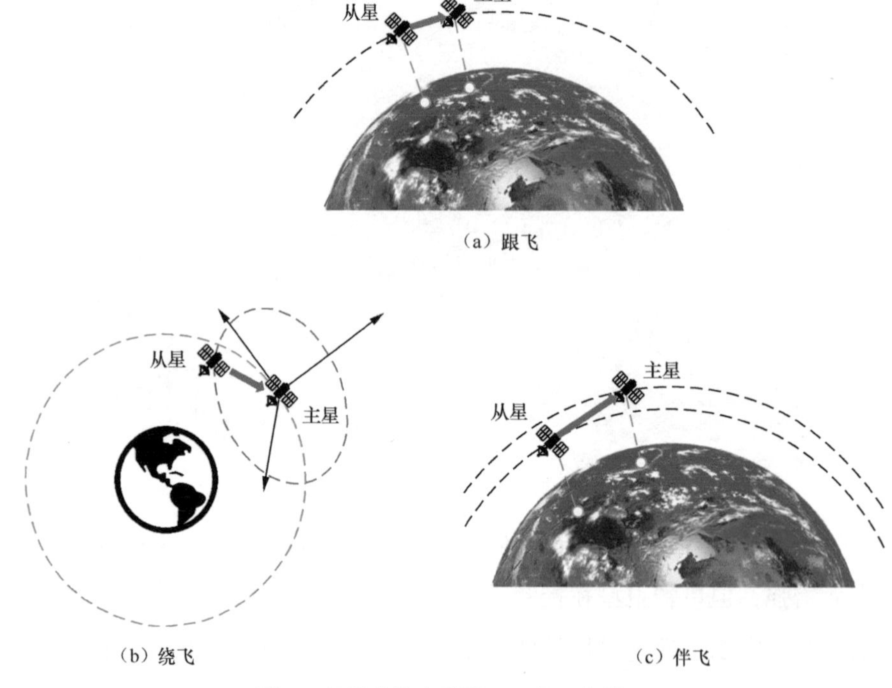

图 4　卫星编队中的跟飞、绕飞与伴飞

卫星星座（Satellite Constellation）指一组人造卫星作为一个整体系统，在一起协同工作，也称为分布式卫星系统（Distributed Satellite System, DSS），通常是由一些卫星环按一定的方式配置组成的一个卫星网。与单颗卫星不同，一个完整的卫星星座可以提供永久的全球（或近似全球）的覆盖范围，对于地球上的任意一点，在任何时刻至少有一颗卫星是可见的。卫星通常会放置在互补的轨道平面上，并且能够和分散的地面站相连接。星座中的每颗卫星之间也可通过星间通信技术来进行信息传送。主要的卫星星座有 GPS 卫星星座、GLONASS 卫星星座、Galileo 卫星星座和北斗卫星星座等。

如图 5 所示，卫星编队和星座都是由多颗卫星协同工作形成的，卫星编队与星座间的区别在于：① 卫星编队的卫星间距离往往在 100 km 以下，而卫星星座的卫星间距离往往在数百到数千千米；② 卫星编队飞行要求自主、实时，多颗卫星形成闭环控制，而卫星星座只要求其中的各颗卫星的位置保持在规定精度的控制区域内，不至于相撞，或者在某种意义上不改变对地的覆盖特性；③ 卫星编队飞行时星间距离短，相互之间的距离可以只有几十米，编队的各星协同工作，彼此之间有通信与信息交换，有动力学联系和约束条件，但在卫星星座中各颗星之间是稀疏的，以单颗卫星轨道运行，一般没有星间的通信与信息交换。

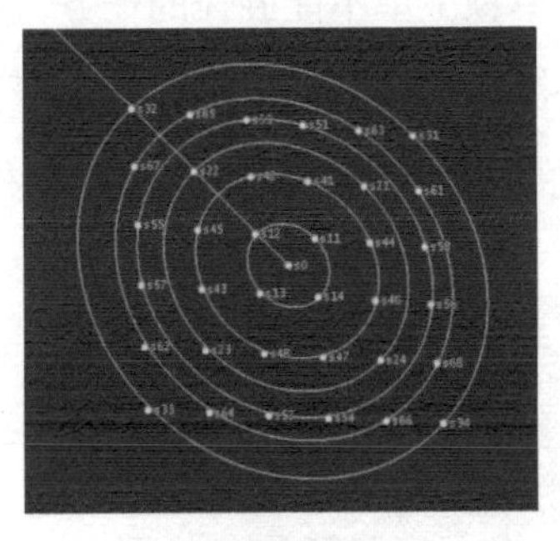

（a）卫星编队

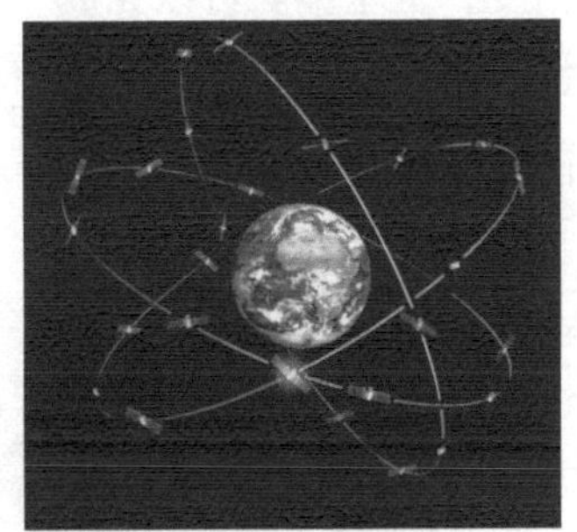

（b）卫星星座

图 5　卫星编队与卫星星座在空间上的尺度

为什么我们需要卫星编队 / 星座

从必要性上讲，当我们想要实现全球无死角的通信、对全球的遥感拍摄等工作时，单颗通信卫星、遥感卫星受实际物理规律的约束，往往会“力不从心”。这个时候就需要发射多颗卫星升空，让它们一起为我们服务，实现单颗卫星无法完成的功能。

从经济性上讲，采用多颗模块化、集成化、标准化的小卫星在低轨道上协同工作（见图6）来完成一颗需要发射到高轨道上耗资巨大的大卫星才能完成的任务，在可靠性上有着天然的优势，当多颗卫星中的某颗卫星失效时，可以通过快速发射新的卫星来代替，或者通过调整卫星编队的构型，使整个系统得以快速修复，一颗卫星的失效只会影响部分任务，而不会使任务整体失败。因此发射多颗小卫星成为了更加经济的选择。

图6　大量立方星组成卫星编队

从整体性能上讲，卫星编队可以使测量基线的长短不受限制（见图7），提高测量精度，卫星编队可以完成一些单颗卫星不能胜任的任务，如立体观测等，并可以根据任务的改变，方便快捷地加入新的卫星或改变卫星编队的构型以适应新的任务需求。在瞬息万变的军事领域，这一点显得格外重要。

图7　卫星编队可以使测量基线的长短不受限制

卫星星座可使地球上任何地点在任何时刻都能被卫星覆盖（见图 8）。运用导航卫星系统，能够实时提供运载体的速度、姿态及时间信息；卫星星座可以用于全球通信，起到中转站的作用，传递通信信息；卫星星座还可以用于全球环境监测，通过遥感全球的地表信息来对全球的环境情况进行监测。因此在很多场景下，利用同样的经费，发射多颗卫星能带来更大的收益。

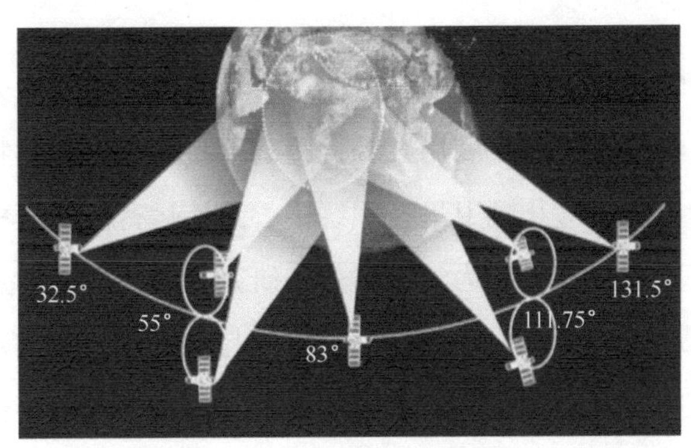

图 8　星座对地面的覆盖

此外，卫星编队 / 星座在发展上有着很大的先发优势特征。过去人类的一些大型尖端工程，如超级计算机、航空母舰，甚至登月计划，往往后发者可以借鉴先发者的经验，摸着石头过河。但太空中适于开展任务的卫星轨道资源是有限的，以目前人类的技术水平，整个地球只容得下极少数的几套巨型卫星星座。如果有谁抢先搭建了第一套完整的巨型卫星星座，后来者如果想要搭建第二套，可能就要付出巨大的额外成本，甚至再后来者根本就没位置了，图 9 所示为 SpaceX 的星链

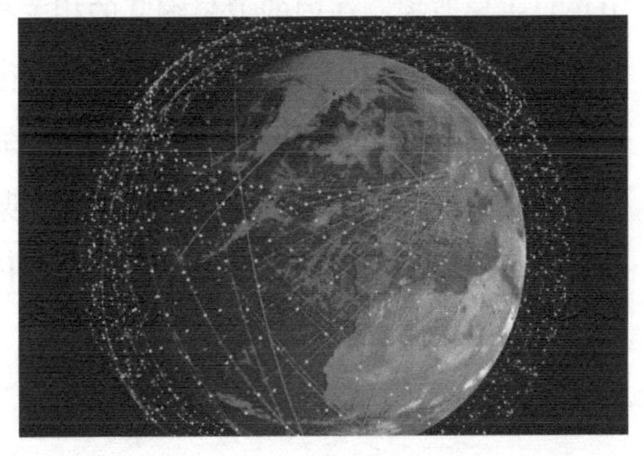
图 9　SpaceX 的星链运行设想

运行设想。因此，即便是从国家安全和国家利益的角度上看，建设属于自己的卫星星座也是一件很有必要的事[5]。

卫星编队 / 星座的现状

1. 卫星编队的现状

20 世纪 90 年代以来，经过国内外专家学者数十年的研究，卫星编队的关键技术已经逐渐成熟。利用几颗近距离卫星轨道的自然特性，不加或者是稍微施加控制使这几颗卫星在围绕中心天体运行的过程中，组成保持特定构型的卫星编队逐渐成为炽手可热的研究和应用方向。卫星编队技术不仅在许多地球卫星项目中已经得到了应用与验证，而且随着在实际工程项目中的不断应用，卫星编队的相关关键技术也日渐成熟完善。

1997 年，德国戴姆勒·奔驰宇航公司为和平号空间站开发的 X-MIR 探测器成功地对和平号空间站进行了检测，并验证了编队飞行的相对导航技术。该技术的演示和实现为航天器编队飞行奠定了基础。

1998 年，美国空军研究实验室曾经开展过一个宏伟计划，称为 TechSat 21[6]。其目的是研究开发由卫星构成的分布式雷达以及包括编队卫星自主导航控制在内的卫星编队的相关技术，该编队由位于 7 个轨道平面的 35 颗低轨卫星群组成，其中每一个卫星群都包含 8 颗卫星，如图 10 所示[7]。该卫星编队利用低成本小卫星构成三维编队飞行星座，编队中的小卫星能够根据需要进行自适应调整，在某颗卫星发生故障的时候，可以通过其余卫星的协同工作来完成该卫星的任务，大大降低了单颗卫星的故障对整个卫星系统造成的影响。

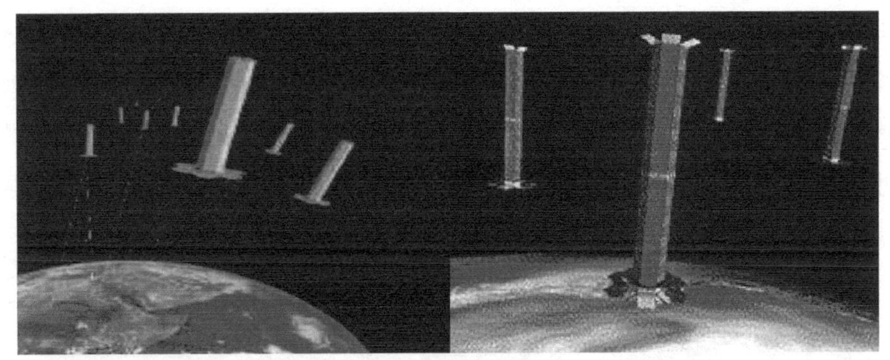

图 10　TechSat 21 卫星编队 [8]

美国国家航空航天局和德国地球科学研究中心联合研制并发射了 GRACE 重力场测量卫星编队（见图 11），其目的是获取地球重力场的中长波部分以及全球重力场的时变特征，并探测大气和电离层环境 [9]。自 2002 年 3 月发射至今，GRACE 重力场测量卫星编队除在重力场参数测量方面获得丰富的数据外，在陆地水变化、南极和格陵兰岛冰盖变化以及全球海平面变化等问题的研究方面也贡献颇多。GRACE 重力场测量卫星编队采用领航 – 跟踪的运行方式，并保持跟踪距离不变。

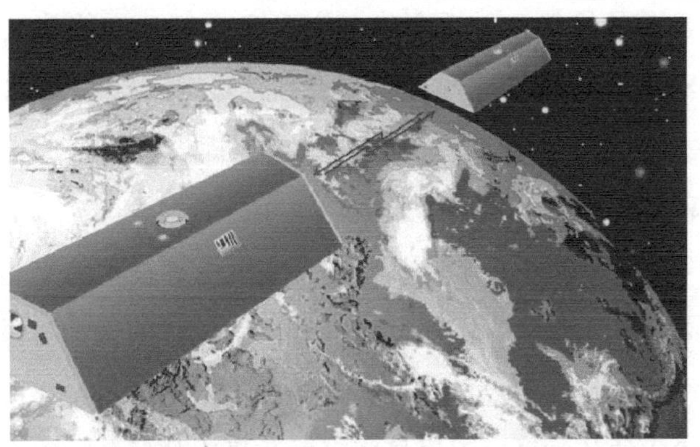

图 11　GRACE 重力场测量卫星编队

目前，国内外的卫星编队的探索与研究蓬勃发展，在重力重建与气候试验方面，多国都竞相建设自己的科学试验卫星编队以获取精确的一手数据；在利用卫星编队构建大口径在轨合成孔径雷达等对地观测方面，各国也投入巨大并收获颇丰，如 TanDEM-X、高分辨率多光谱相机和红卫探测载荷联合对地观测的实践 9 号卫星、环境一号合成孔径雷达卫星、我国首个基于干涉合成孔径雷达技术的由高分三号卫星（见图 12）组成的微波测绘卫星系统等。可以说，卫星编队已经从纸上走到了我们的身边。

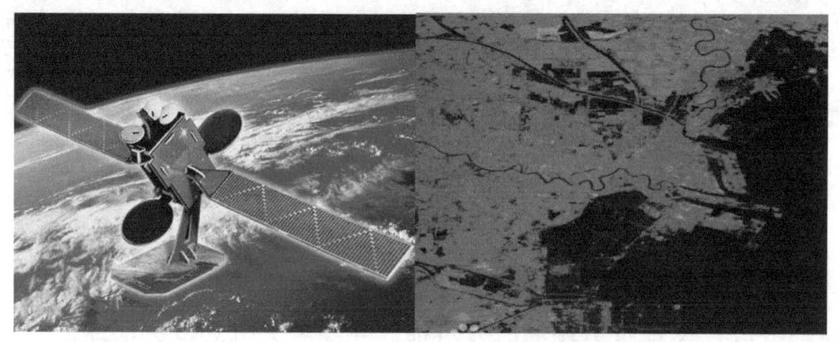

图 12　高分三号卫星及其遥感成像 [10]

2. 卫星星座的现状

卫星星座是发射入轨能正常工作的卫星的集合，通常是由一些卫星环按一定的方式配置组成的一个卫星网。由于卫星星座在导航、通信、观测等方面具有显著的优势，包括全球定位系统（GPS）、格洛纳斯导航卫星系统（GLONASS）、伽利略导航卫星系统（Galileo）以及北斗卫星导航系统 [11-12] 在内的多个卫星星座，为全球用户提供包括全球定位、高精度的三维空间和速度信息、授时等服务。

20 世纪 80 年代以来，伴随微电子、微机电等技术的兴起，在功能密度、研制成本、发射难度、灵活性上有着巨大优势的微纳卫星星座受到了许多航天公司的青睐。世界各国也相继开展了微纳卫星星座的研究和建设工作。从已建成的各类微纳卫星星座来看，星座从任务功能上可以分为导航星座、通信或数据中继星座、遥感星座（侦察、预警、环境监测等）、科学试验星座等。相比于对地静止卫星，利用在低轨上运行的微纳卫星星座通信可以将星地通信最小延迟从 125 ms 降低至 1 ～ 4 ms，同时卫星星座的发射成本也大大降低，目前已有一批微纳卫星星座建设完毕。下面介绍几个具有代表性的微纳卫星星座。

（1）Orbcomm 通信卫星星座

Orbcomm 通信卫星星座（见图 13）是美国 3 大低轨移动星座之一，能够实现短数据（非语音）全球通信。它是全球第一个也是唯一的双向短数据低轨微纳卫星通信系统。1991 年以来，Orbcomm 通信卫星星座支持的业务种类、卫星功能、与用户数量均呈上升趋势，其发展前景非常乐观 [13]。

图 13　Orbcomm 通信卫星星座

（2）鸽群卫星星座

鸽群卫星星座（Flock 遥感卫星群）是全球最大规模的地球影像卫星星座群，由美国卫星成像初创公司 Planet Labs 研制。鸽群卫星星座由约 350 颗 3U 标准的微纳卫星组成，搭载有自行研制的光学系统和相机，设计寿命 3 年以上。鸽群卫星星座分布在低轨太阳同步轨道上，采用在相同轨道高密度布置相位不同的卫星的方式来提高对地覆盖的面积（见图 14）。鸽群卫星星座是目前世界上唯一具有全球高分辨率、高频次、全覆盖能力的遥感卫星系统，对绝大多数热点区域甚至可以达到

图 14　鸽群卫星星座遥感覆盖方式

每天超过一百次的观测频次。

（3）珠海一号遥感微纳卫星星座

珠海一号遥感微纳卫星星座（见图 15）由我国珠海市欧比特公司规划、航天东方红卫星有限公司研制。该卫星星座由 12 颗视频微纳卫星、4 颗高光谱微纳卫星以及 2 颗合成孔径雷达微纳卫星组成，在空间形成一个高效的遥感微纳卫星星座，对全球遥感数据每 5 天更新一次。该星座在全球范围内采集可见光图像、可见光视频以及高光谱图像等类型的高时空分辨率的海量对地遥感数据，具有全天时、全天候、多类型的对地观测能力[14]。

图 15　珠海一号遥感微纳卫星星座

卫星编队 / 星座研究什么

可能有人会疑惑，卫星的飞行轨迹是椭圆，难道太空航行不能像海上航行一样走直线吗？答案是否定的。这是因为目前人类太空航行所使用的发动机性能还比较有限。实际上，在 15 世纪末到 16 世纪初的大航海时代，人类还没有发明动力强劲的蒸汽机，海上航行也只能使用能力有限的帆桨。短途的海上航行使用帆桨是足够的，但远洋航行必须依靠自然的季风和洋流。类比地说，如图 16 所示，人类目前正处于太空航行的“大航海时代”，发动机性能有限，我们只能利用自然的引力趋势，巧妙设计轨道来降低燃料消耗。太空航行与海上航行不同的是，海上航行的船只可以很方便地补充燃料，而太空航行的卫星却很难补给燃料，因此节省燃料是重中之重。

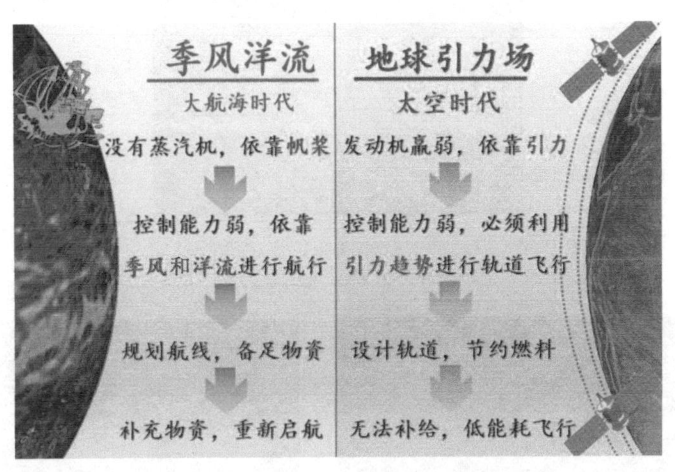

图 16　我们正处于太空航行的“大航海时代”

只有卫星之间保持一定的相对关系，才能实现卫星编队 / 星座。然而，卫星编队 / 星座的要求一般较高，很容易被卫星轨道的自然演化破坏。另外，太空中也存在很多干扰和不确定性，如大气阻力拖曳卫星，不规则的地球引力场、太阳光和月球引力都迫使卫星离开我们期望的轨道。所以，目前针对卫星编队 / 星座，我们需要研究的是：第一，如何设计出最佳的卫星相对关系，即卫星编队 / 星座构型，使得构型产生的收益最大；第二，如何以最小的代价部署卫星编队 / 星座构型。

为了设计最佳构型，我们必须巧妙利用自然的力量，而不是强行违抗它。因此，我们需要研究卫星编队 / 星座构型的自然演化规律。分析一颗卫星轨道是如何演化的，分析两颗卫星相对构型是如何演化的，分析多颗卫星的相对构型是如何演化的。神舟七号飞船和伴随它飞行的卫星（简称伴星）就利用了两颗卫星相对构型的演化规律，设计了飞行轨道（见图

17）[15]。另外，也有研究人员提出通过细绳或者杆来连接航天器的巧妙做法，如图 18 所示 [16]。

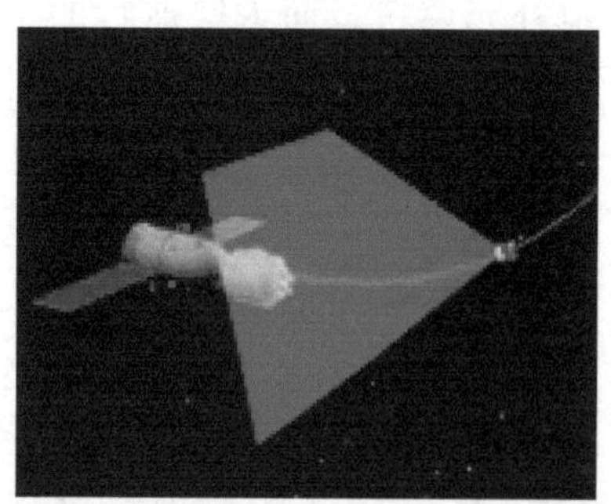

图 17　神舟七号飞船伴星的飞行轨道

（a）细绳连接两个航天器

（b）细杆连接两个航天器

图 18　两个航天器之间的连接方式

目前，将卫星部署到预定轨道的方法主要有两种：直接发射和发射后变轨。直接发射的方法是从固定的发射场，直接将卫星发射到预定轨道。这种方式适合大型的、重要的卫星。发射后变轨的方法一般是一次发射很多卫星到近似轨道，再依靠消耗卫星燃料主动部署和利用外界干扰实现被动部署，这种方法适合小型、数量多的卫星，可以大幅节省发射成本。例如，SpaceX 公司能用回收式火箭一次性发射 60 颗卫星（见图 19）到近似轨道，然后通过长时间的变轨来使各颗卫星到达各自预定的轨道。近些年，北航的研究人员提出了使用集群火箭发射部署卫星星座的方案，这种方案使用大规模的空射火箭，能够在短时间内部署大规模卫星星座。

图 19　SpaceX 公司能用回收式火箭一次性发射 60 颗卫星 [17]

结语

经过近 30 年的发展，卫星编队 / 星座已经改变了传统航天界对于人造卫星的使用模式，大量以模块化、批量化、可替代为重要特征的微小卫星编队 / 星座已经掀起航天技术发展的又一轮热潮。未来，随着新材料、新结构、自动控制、人工智能、动力学机理研究等领域的快速发展，卫星编队 / 星座也将突破当下在燃料消耗、空间构型设计、构型维持与重构、任务规划等方面的限制与不足，为人类提供更加优质的服务。

当前，经过我国航天人的不懈奋斗与努力，中国的卫星编队 / 星座的技术已迈入世界第一梯队，同时，在卫星编队控制技术、卫星构型设计技术、星座构型维持与重构以及其他新概念航天器编队 / 星座方面，中国航天都一直处于领军地位。但是受限于国家实际运载发射能力和经费限制，目前我国实际星座的发展还有待进一步提高。

参考文献

[1] KOSMODEMYANSKY A. Konstantin tsiolkovsky: his life and work[M]. Viby J: The Minerva Group, 2000.

[2] 陈高杰. 双星跟飞协同成像构形保持控制方法研究[D].长春: 中国科学院长春光学精密机械与物理研究所, 2021.

[3] 孙雪娇. 卫星编队飞行队形控制的参数化方法[D]. 哈尔滨: 哈尔滨工业大学, 2016.

[4] 方元坤, 孟子阳, 尤政.多模式分布式遥感微纳航天器集群自然编队构型 [J].清华大学学报(自然科学版), 2018, 58(5): 482-488.

[5] 任远桢, 金胜, 鲁耀兵, 等. 星链计划发展现状与对抗思考[J]. 现代防御技术, 2022, 5(2): 11-17.

[6] SHERWOOD R, CHIEN S, CASTANO R, et al. Autonomous planning and scheduling on the TechSat 21 mission[C]//Australian Joint Conference on Artificial Intelligence. Berlin, Heidelberg: Springer, 2002: 213-224.

[7] SEDWICK R, KONG E, MILLER D. Exploiting orbital dynamics and micropropulsion for aperture synthesis using distributed satellite systems - Applications to TechSat21[C]// AIAA Defense and Civil Space Programs Conference and Exhibit. Reston,VA: AIAA, 2013: 304-311.

[8] BURNS R, MCLAUGHLIN C A, LEITNER J, et al. TechSat 21: formation design, control, and simulation[C]//2000 IEEE Aerospace Conference. Piscataway, USA: IEEE, 2000(7): 19-25.

[9] 孙文科. 低轨道人造卫星(CHAMP、GRACE、GOCE)与高精度地球重力场——卫星重力大地测量的最新发展及其对地球科学的重大影响[J]. 大地测量与地球动力学, 2002, 22(1): 92-100.

[10] 姚天宇. 长征四号丙运载火箭成功发射高分三号卫星[J]. 中国航天, 2016(8): 8.

[11] TRAUTENBERG H L, WEBER T, SCHÄFER C. GALILEO system overview[J]. Acta Astronautica, 2004, 55(3-9): 643-647.

[12] CHEN J, XIAO P, ZHANG Y, et al. GPS/GLONASS system bias estimation and application in GPS/GLONASS combined positioning [C]//China Satellite Navigation Conference (CSNC). Heidelberg, Berlin: Springer, 2013: 323-333.

[13] 秦红磊, 谭滋中, 丛丽, 等. 基于ORBCOMM卫星机会信号的定位技术[J].北京航空航天大学学报, 2020, 46(11): 1999-2006.

[14] 殷子瑶, 李俊生, 范海生, 等. 珠海一号高光谱卫星的于桥水库水质参数反演初步研究[J]. 光谱学与光谱分析, 2021(41): 494-498.

[15] 王忠贵, 张丽艳, 龚志刚, 等. 神舟七号飞船伴星飞行试验方案设计及试验验证[J].中国科学(E辑:技术科学), 2009, 39(3): 590-595.

[16] DELUCAS L J, SUDDATH F L, SNYDER R, et al. Preliminary investigations of protein crystal growth using the space shuttle[J]. Journal of Crystal Growth, 1986, 76(3): 681-693.

[17] FOREMAN V L, SIDDIQI A, DE WECK O. Large satellite constellation orbital debris impacts: case studies of oneweb and spacex proposals[C]//AIAA SPACE and Astronautics Forum and Exposition. Reston, VA: AIAA, 2017. DOI: 10.2514/6.2017-5200.

陈琳，北京航空航天大学宇航学院博士研究生。主要研究方向为智能控制、航天器编队和集群飞行、太阳帆结构与控制等。

徐明，北京航空航天大学宇航学院教授、博士生导师。目前主要从事航天动力学与控制相关内容的教学与科研工作，主要研究方向为轨/弹道动力学与控制、自主导航与智能控制、航天器编队和集群飞行等。主持国家自然科学基金面上项目、军委科技委创新项目、民用航天预先研究项目等多项国家级项目。

师鹏，北京航空航天大学宇航学院副院长，副教授、博士生导师。目前主要从事航天动力学与控制、航天器总体设计、先进控制理论及其航天应用等方面的研究工作。主持国家自然科学基金面上项目、863 计划课题、军委科技委创新项目、民用航天预先研究项目等多项国家级项目。

智能航天器技术

北京航空航天大学宇航学院

张可昕　李家军

随着人类对宇宙空间探索的持续深入，高消耗且精细化的航天任务成为航天产业的主旋律。在航天员只能执行有限特定航天任务的情况下，航天智能化发展成为人类未来对太空探索、利用和开发的必然趋势。目前，以神经网络为代表的基础人工智能为智能航天发展注入强劲动力，然而其不完全智能化的不足导致技术前端应用受到太空复杂极端环境的制约，智能航天仍然存在较大发展空间。本文对目前智能飞行器技术在航天产业中的应用现状进行综述，据此推断未来完全智能技术将在航天中产生深远影响，相信“人工智能 + 航天”的发展蓝图值得期待。

什么是智能航天器

伴随人类社会发展，人工智能已成为智能技术领域的代名词，其旨在利用计算机等手段实现类似于人类这种高智能生物的智能思想、决策和行为等能力。在人工智能若干分支的研究中，以神经网络为代表的仿生学算法模型为智能发展带来了可以初步媲美生物大脑的卓越效果。

在众多人工智能研究应用领域里，智能航天是全世界亟待实现的重点科技产业。在我国，航天科技占有重要地位，实现航天系统的全面智能化将对我国国防建设的高效健康发展有着深远的影响[1]。然而，航天任务往往需要在极端且恶劣的太空环境中完成，受强烈电磁环境干扰、设备载荷约束、无法人为干预等条件限制。遗憾的是，目前人工智能核心硬件在此类航天任务特定环境下尚无法进行正常工作，极大地阻碍了航天智能化发展。因此，在特定极端太空环境和苛刻工作条件下，确保航天器处于正常稳定且高智能化的工作状态，对航天产业赋予“智能”提出了极高的要求。

得益于智能技术的发展，面向航天任务的新一代人工智能处理器及控制器的问世成为可能。生物大脑启发下的人工智能在复杂环境下具有对多个信息源进行高效综合决策的能力，再借助高智能生物认知过程中“低能耗”与“并行化”的信息处理机制，可让航天器拥有自主决策的“大脑”，成为具有真正“智慧”的智能航天器，确保智能硬件载荷能够在极端太空环境下稳定工作。

目前，关于人工智能与航天交叉应用的文献、著作资料有限，为此，本文从表 1 所示的智慧卫星、在轨服务计划和行星机器人 3 个航天主要应用出发，对目前智能航天器技术的发展现状和具体实现进行综述，展望智能技术在未来航天产业发展中的重要作用。

表 1　智能航天器技术发展现状

主要应用领域	发展内容
智慧卫星	以具体功能为导向，卫星及卫星集群拥有“自主决策”能力，完成智能化太空态势感知和信息获取、传输、处理等任务
在轨服务计划	人工智能结合辅助航天器有效载荷在轨服务计划中精准施策，开展各类空间任务
行星机器人	人工代理：根据指令半自主执行任务 协助者：智能属性实现半自主到全自主转化 探险者：完全自主探索

智慧卫星

智能感知是智慧卫星需要具备的首要能力。以遥感卫星为主的近地轨道卫星目前仍以数据获取和数据传输为主要功能，传统的星上处理技术不能满足卫星智能感知任务的需要。作为美国国家航空航天局新千年计划里发射的卫星，OE-1 地球卫星通过自主科学飞行器试验开始在太空轨道上监测地球表面活跃的火山活动、南北两极冰冻圈以及洪水等地质灾害的发生情况[2]，极大提高了对地球表面特定情况的智能化感知能力。同时，卫星群体对自身所在环境的感知，对辅助完成下一步行动决策也格外重要。卫星技术的快速发展，让卫星轨道上充斥着大量失效卫星以及其他太空碎片，这严重阻碍了航天器在轨发展。近年来，普渡大学研究学者与美国空军合作，联合开展了面向卫星的失效航天器或太空垃圾评估问题，利用机器学习算法对卫星采集到的可见物体图像进行表征学习，判断失效卫星和太空垃圾的潜在可能，并完成卫星自清理功能，为自身和其他航天器运行逐步创下安全的在轨环境。

为解决卫星发展的多样化需求，智慧卫星目前正朝着微小卫星集群方向发展。微小卫星集群符合卫星发展中轨道空间有限这一现实情况，通过集群形式实现功能性整合，多角度感知地面和太空环境，其具备的自组织性、可变形性、自学习性和实时感知能力使智慧卫星发展取得了飞跃式突破。2015 年，美国国防部高级研究计划局针对微小卫星集群提出 Hallmark 计划（见图 1）[3]，以解决太空态势实时感知问题。Hallmark 计划专注于 3 种不同类别功能的开发：① 该计划利用机器学习算法完成威胁信息检测并进行有效警报；② 结合 AI 智能算法完成空间图像信息协调融合，并针对空域局势感知的卫星任务，从多个角度评估所预警的太空威胁情况；③ 在决策上，针对已经识别和评估的太空威胁，在 AI 智能算法角度下为决策者提供行动预案，极大提高决策的快速性和有效性。

图 1　Hallmark 计划的微小卫星集群

Hallmark 计划为太空态势感知带来了 AI 赋能的崭新发展思路。除此之外，为降低功能性卫星的运行成本，麻省理工学院的科学家于 2018 年提出了微小卫星集群（CubeSats）发展方案 [4]：在单颗微小卫星采用新型研发材料完成自我修复延长工作寿命的基础上，利用神经网络算法，构建以此为基元的卫星集群，完成大范围内自组织、可转换、自学习和同时观测等任务，以此实现智能化微小卫星集群并可支撑完成庞大卫星任务的体系。

在轨服务计划

自 20 世纪 60 年代航天员舱外行走成为现实，旨在辅助航天员开展航天器在轨操作的航天在轨服务应运而生，美国、日本、欧盟、中国等具有尖端航天技术优势的国家或组织纷纷开展各自的在轨服务计划。

在在轨服务计划初期，针对太空中面临失效航天器的维修、燃料补充、目标抓捕等为在轨服务的主要工作，以此尽可能提升航天器在轨使用寿命，减小传统航天任务一次性使用带来的高成本。德国宇航中心在 1994 年公开了关于在轨服务的实验服务卫星（Experimental Servicing Satellite, ESS）计划，主要完成在轨目标检测、智能化变轨、目标物捕捉抓取、在轨修复与轨道脱离等试验[5]。随着实验服务卫星计划的推进，德国宇航中心在 2008 年又发布了德国轨道服务（Deutsche Orbital Servicing, DEOS）任务研究计划[6]，力图进一步验证德国宇航中心未来航天器的在轨服务需求。与此同时，美国也开始开展微卫星技术试验 (Micro-satellite Technology Experiment，MiTEx)，将 MiTEx 卫星送入太空用以对导弹预警卫星 DSP-23 开展在轨维修任务[7]，开启了人类首次地球同步轨道在轨服务的新纪元。2011 年，美国维维卫星公司将目前世界上第一颗真正用于在轨服务的任务拓展飞行器（Mission Extension Vehicle, MEV）送上太空[8]。MEV 以交会对接的形式为失效目标航天器加注燃料，以延长目标航天器工作寿命，完成剩余航天任务。MEV 的成功发射也是一次具有重大商业价值的在轨服务航天任务，其为第一个航天客户——国际通信卫星公司旗下的 Intelsat IS-901 卫星提供了约 5 年的在轨服务。

2016 年开始，美国国防部高级研究计划局开启了一项名为地球同步轨道卫星机器人服务（Robotic Servicing for Geosynchronous Satellites, RSGS）的航天战略计划[9]，与美国海军研究实验室和商业航天公司展开合作，共同开发和部署先进的太空机器人以提供对地球同步轨道卫星的在轨维修，并建立料号的检查机制，使得地球同步轨道卫星的常规化在轨检修、燃料补充、零件更换得以实现，从而能提升地球同步轨道卫星的平均使用寿命。图 2 所示为 RSGS 计划机械臂部分地面测试。RSGS 也是近年来较为系统和完备的在轨服务计划，但由于存在各种原因，目前该项目仅公开了相关概念视频，具体研究仍然停留在地面验证阶段。

图 2　RSGS 计划机械臂部分地面测试

相较于欧美航天强国，我国航天事业起步较晚，自 20 世纪 80 年代起，相关航天科研单位和高校才陆续开展在轨服务计划，以“神舟”系列飞船与“天宫”目标飞行器的在轨交会对接任务为主要发展方向，并最终完成天宫一号和神舟八号、天宫二号和神舟十一号手动和自动在轨交会对接的实际验证。中国科学院空间目标与碎片观测研究中心自成立以来，面向国家重大战略需求，开始系统化针对空间目标和太空碎片进行检测和识别，为我国第一个太空在轨服务航天器的问世打下坚实理论基础。2016 年，我国第一个空间碎片主动清理飞行器——遨龙一号（见图 3）搭载长征七号运载火箭顺利进入预定轨道。遨龙一号所搭载的机械臂系统融合了仿生学、智能系统、电子控制等多学科技术，能精准且稳定地捕获太空碎片，并将其带入大气层进行烧毁。

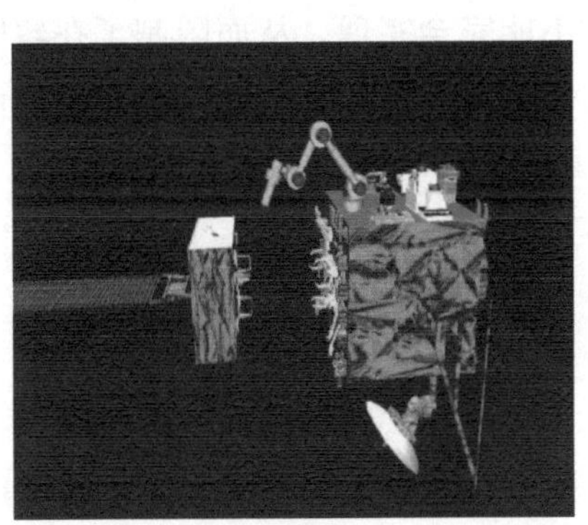

图 3　空间碎片主动清理飞行器——遨龙一号

在世界各国的在轨服务计划研究项目中，接近和捕获空间目标是进行在轨服务操作的必要条件，而这基本上只能依赖于任务航天器搭载的空间机械臂来实现。在接近和捕获空间目标的过程中，考虑到存在被服务航天器、空间机械臂和任务航天器三者之间不同坐标关系和复杂的动力学耦合关系，这极大加深了空间机械臂使用过程中运动规划和运动控制的难度。以传统动力学建模仿真为代表的方法在空间机械臂运动规划和运动控制问题上取得了一定的研究成果，但仍然无法满足最优性、快速性、鲁棒性的空间机械臂控制需要，使基于空间机械臂的在轨服务计划一度陷入停滞。

随着人工智能算法的发展，以功能为导向的在轨服务计划正谋求进一步变革，神经网络的广泛应用开始满足在轨服务特殊任务高智能化需求。意大利米兰理工大学的研究人员 Biggs 利用多层感知器完成了对 12U 立体卫星的智能化最优姿态控制，证明了人工智能可以解决空间机械臂等在轨服务核心工具的动力学控制问题，提升了在轨服务计划具体操作中的鲁棒性和时效性。通过搭载嵌入已经训练完成的深度神经网络算法模型的核心智能控制芯片，能够辅助以空间机械臂为主的航天载荷设备在空间中对空间目标的精准抓捕，提升最优规划控制过程精准程度和计算长时性，提高在轨服务航天器任务操作的效能，实现智能化与精准化结合的在轨操作。然而遗憾的是，在受到电磁粒子干扰、载荷受限等约束的太空极端环境下，现有人工智能不能完全实现，从而限制了在轨服务的研发工作。目前多数在轨服务项目仍停留在理论验证和地面测试阶段，在轨服务计划仍然不能普遍展开。

行星机器人

自 20 世纪 50 年代以来，机器人技术得到迅猛发展，并在人类对遥远未知行星的探索中得到了广泛的应用[10]，如图 4 所示。考虑到国际航天界公认的重大挑战和发展需求，行星机器人迅速在航天产业中脱颖而出，为人类探索地外空间提供了强有力的技术支撑，成为探索各类行星天体表面首要且最具优势的装备。在对未知天体的探索中，行星机器人具备代替人类的探索功能，利用机械化和信息化等技术手段实现其“眼睛”——可视化、“双腿”——移动、“双手”——可采集等功能。

图 4　美国洞察号火星车

行星机器人在对天体表面的观测、采集和侦察（包括自然现象，地形和资源组成探索等）中发挥着关键作用，并在未来行星基地的建设中发挥重要作用。通常意义而言，行星机器人具备两个重要属性：即运动性和自主性[11]。运动性是指机器人在一定环境下具备依靠自身动力（非外力）移动，到达目的地的能力；自主性则是对机器人智能性的衡量。对人为指令的依靠程度以及能否根据智能算法完成信息获取、信息计算、生成决策、执行决策等智能化行为是衡量机器人自主性的关键。通常来说，根据行星探索任务类型的不同，行星机器人具有 3 种不同程度的运动性与自主性：① 人工代理——通过人为远程操纵机器人完成任务（半自主）；② 协助者——协助航天员以较低成本代价，持续稳定且高质量地完成航天任务（半自主到完全自主）；③ 探险者——能够独立应对地外天体未知地形，在不需要步骤任务指令的情况下执行行星探索任务（完全自主）。

通常，空间机器人的运动性与自主性与通用人工智能有紧密联系，行星机器人在发展之路上得到了人工智能的极大支撑。美国好奇号火星探测器的首席飞行主任大卫·吴在接受《自然》杂志采访时对人工智能的进步对改善行星机器人的发展持乐观且肯定的态度[12]，行星机器人在智能航天发展道路上将成为重要的一环。目前行星机器人智能化发展方向主要可以分为 4 个方面：行星环境智能感知、路径导航与高层次决策、星球表面自主采样和人机交互，如图 5 所示。

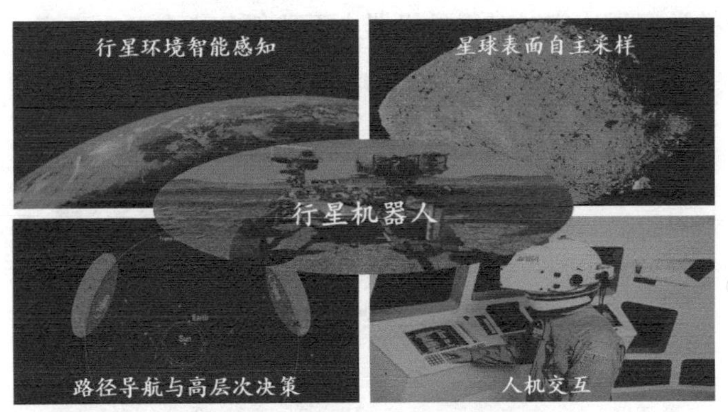

图 5　行星机器人智能化发展方向

行星机器人的行星探索任务通常侧重于对行星表面环境的侦察、数据收集以及有指向性的目标搜索等。一般人工智能（如机器学习、深度学习）通常应用于行星机器人的感知（如机器视觉）任务，而其中具有代表性的就是目标检测与识别技术的应用。目标检测与识别技术应用于行星机器人感知任务，不仅能为地面传回第一手可视化数据，也能为后续功能的实现做好数据预处理[13]。2016 年，OSIRIS-Rex 探测器（见图 6）由美国国家航空航天局发射升空[14]，该探测器上基于机器学习算法的空间机械臂采集系统将完成对 101955 号小行星的识别和采样返回任务，这开启了行星机器人执行空间任务的新篇章。受到业界关注的搜集优先科学目标自主探索（Autonomous Exploration for Gathering Increased Science，AEGIS）软件自 2016 年 5 月起在好奇号火星探测器中开始使用[15]，尝试利用名为 ChemCam 的化学摄像仪对行星表面环境进行数据分析，自主完成行星表面探测数据获取、样本分析任务[16]，这也是历史上第一次将人工智能应用于远程探测器上。AEGIS 软件存在两种运行模式：① 在自主目标选择中，搭载 AEGIS 软件的行星机器人可以获取图像中的地质环境，利用智能算法为自己选择最符合任务科学家指定参数的目标，并使用 ChemCam 完成数据测量和分析；② 在自主指向改进中，AEGIS 软件接受来自地球科学家任务指令，完成对目标的获取和测量任务，加快任务完成速度。AEGIS 软件的革命性使用解决了地面科学家无法实时对行星机器人下达任务指令这一事实，证明通用的人工智能技术可以被使用在未知行星探索的任务中。

图 6　美国国家航空航天局发射的 OSIRIS-Rex 探测器

如果将行星机器人比作无人驾驶汽车，那么行星机器人对未知天体的探险就好比无人驾驶汽车行驶在未知地域。以深度学习为代表的人工智能在数据丰富且完备的情况下能表现出极高的可靠性，完全适用于无人驾驶汽车在环境感知中拥有丰富已知数据资源的情况。然而，行星探测数据极少且极不容易获取，预先进行的算法训练和规定化操作需要大量数据支撑，才能完成学习和感知，这对人工智能算法提出了极高的要求。不仅如此，在空间探测应用中，行星机器人所搭载的各类传感器和中央处理器往往需要经受不同行星极寒或高温等的极端环境，对前端应用数据采集、数据上传和数据计算上造成了极大的不稳定性，是智能行星机器人的发展道路上亟待解决的重要问题。

路径导航对于行星机器人的运动性和自主性具有重要影响，其决定了行星机器人能否正常、快速、稳定到达目标任务地点。在现有人工智能算法中，深度学习对自身算法“黑匣子”的不完全解读，使其虽然在感知任务中表现较为出色，但是在导航等复杂任务研究上仍然无法满足任务需求。

路径整合，也就是每一步行动决策的计算，是导航任务中最为关键的部分，被认知神经科学家和机器人技术科学家称为生成大脑认知地图中至关重要的环节。在哺乳动物中，网格细胞 (Grid Cell) 被认为赋予了生物对地图几何关系的空间认知能力，也是人类等高智能生物拥有路径整合能力的关键。2018 年，英国科学家 Banino 和他的同事利用深度强化学习，效仿网格细胞路径整合的空间编码过程，初步实现了利用人工智能进行制定目标的类脑化智能导航过程，验证了网格细胞使大脑具备进行矢量化计算的功能，能够对路径长度和方向进行计算。这一结论表明基于深度学习的人工智能算法能够与路径决策相结合，以应对在从未探索和接触过的环境中进行路径规划这一挑战，为行星机器人路径导航功能提供了极大的技术支持。据此，类似哺乳动物大脑网格细胞的空间表示形式与深度学习相结合，目前已经被应用于空间导航中，对行星机器人的导航技术进行指导。

此外，人工智能还在系统层面的决策、资源分配，多代理系统的协同与控制，数据同化等方面发挥着巨大作用。近年来，受到广泛关注的洞察号火星探测器（由美国喷气推进实验室主导、多方合作研制的火星无人着陆探测器），于 2018 年在人工智能算法的有力保障下顺利登陆火星。与此同时，我国嫦娥四号着陆器和玉兔二号月球车（见图 7）也于同年着陆月球。嫦娥四号在嫦娥三号通过人工智能实现自主决策着陆的基础上，进一步完成月球背面未知区域的自主性决策，证明了人工智能应用在行星探测器的可行性和可靠性。由此可见，在世界未来的月球、火星甚至更远星球的探测计划中，人工智能技术将进一步发挥“AI+ 航天”的自主认知智能优势，充当任务航天器的“大脑”进行信息的获取和决策，在自主降落、样本采集和基地建设等任务中发挥重要作用。

图 7　嫦娥四号着陆器和玉兔二号月球车

智能航天器的前景展望

目前，以深度神经网络为代表的新一代人工智能模型开始伴随大规模计算集群出现，但同时深度神经网络却更加依赖于大数据下的样本训练学习以及图形处理器等高表现力大规模计算机运算集群，而在实际运行过程中仍然存在计算力需求大，电子运算出现时延，电子元器件受到耦合干扰等情况，阻碍了大规模、高要求、高精准、高时效性任务的发展需要。更为致命的是，基于摩尔定律的大规模电子芯片技术逐步陷入发展瓶颈 [17]，在提高电子芯片运算能力的同时，单位面积晶体管数目的增多会带来高耗能和高散热的问题。大规模计算机运算集群功耗性能要求高，根本无法满足人工智能前端硬件技术要求。换言之，硬件设备的发展速度已开始跟不上人工智能硬件的发展需求。在地面测试尚且如此，在太空极端环境下的智能航天产业发展更是受到制约。

如今，航天领域正处于新一轮技术变革中，而人工智能正是新变革的重要驱动力量，航天智能时代的到来势必将助力航天各个技术环节和科学研究踏上新的前进之路。包为民院士将“AI+ 航天”的发展蓝图总结为 4 大基本阶段[18]：① 航天系统工程各个关键技术环节开始实现智能化；② 航天器具备可训练、可学习的半自主化能力；③ 航天器在训练学习基础上具备“泛化”能力，开始从半自主向完全自主进行过渡；④ 航天器等各项技术产品具有类脑智能，具备从发现问题到解决问题的完全自主决策功能。可以说，人工智能在目前的航天技术领域发展应用中遇到了严峻的技术挑战，但是也迎来了千载难逢的发展机遇。

宇宙空间中存在极为复杂的电磁干扰环境，运行中的航天载荷直接暴露在高能粒子流、外太空辐射等各类干扰因素下，使得星载电子元器件极易出现各类电子耦合失效现象，严重阻碍星载智能设备的稳定工作。不仅如此，由于航天任务的特殊性，航天器对星载器件设备载重和尺寸有严格要求，传统人工智能算法高耗能属性所依赖的高算力大型处理器根本无法满足航天载荷的要求，这也从本质上限制了人工智能前端应用在极端星载环境下的稳定作业能力。因此，从人工智能角度出发，设计适用于抗宇宙电磁环境干扰，减少大型计算的人工智能算法模型是智能航天发展的关键，这也为未来完全智能技术在航天中应用提供了绝佳的发展机遇。此外，可进一步依托人工智能物理可解释性，尝试设计利用光或量子等更高效物理媒介为载体，突破摩尔定律的束缚，降低极端太空环境下电磁干扰，实现低能耗、光速度等性能目标。

总之，未来完全实现的智能技术将是一种模仿高智能生物认知计算能力的智能体系，具有“低能耗”与“并行化”的信息处理能力，而这正是智能航天发展，提升航天产业各环节任务结果性能的关键需要。以模仿高智能生物认知计算能力为核心，构建低耗能、高效能闭环式解决跨模态认知体系，取代冯·诺依曼计算机体系的普遍结构，创建新一代智能算法模型，能够为航天器装上“能够自主思考的大脑”，丰富多样化航天信息处理结构，适用于多地域、多时域、多对象的复杂航天任务。

智能技术的突破对航天智能的实现具有重要意义，将赋能智慧型航天器硬件载荷，实现无须人工控制的自主智能、去中心模式的群体智能、抗空间电磁干扰的稳定智能以及低电能消耗的绿色智能，使得“AI+ 航天”的长远发展规划成为可能。

结语

人工智能在智能航天领域应用广泛，目前已成为智慧卫星、在轨服务计划、行星机器人等航天产业智能化的重要技术支撑，有着极为重要的应用价值。受限于极端太空环境，目前的智能技术无法在航天产业中发挥全部作用。前沿智能技术的突破将为航天器装上“智慧的大脑”，克服目前人工智能算法前端应用的局限性，在“AI+ 航天”的发展蓝图下助力航天产业更快更好发展。

参考文献

[1] KOTHARI V, LIBERIS E, LANE N D. The final frontier: deep learning in space[C]// 21st International Workshop on Mobile Computing Systems and Applications. New York: ACM, 2020: 45-49.

[2] IP F, DOHM J M, BAKER V R, et al. Flood detection and monitoring with the autonomous sciencecraft experiment onboard EO-1[J]. Remote Sensing of Environment, 2006, 101(4): 463-481.

[3] LUDWIG J, CLINE D, SPRADLEY T, et al. A virtual assistant for space situational awareness[J]. AMOS, 2019: 64.

[4] LEVCHENKO I, KEIDAR M, CANTRELL J, et al. Explore space using swarms of tiny satellites[J]. Nature, 2018(562): 185-187.

[5] HIRZINGER G, LANDZETTEL K, BRUNNER B, et al. DLR's robotics technologies for on-orbit servicing[J]. Advanced Robotics, 2004, 18(2): 139-174.

[6] HIRZINGER G, BRUNNER B, LANDZETTEL K, et al. Space robotics—DLR's telerobotic concepts, lightweight arms and articulated hands[J]. Autonomous Robots, 2003, 14(2-3): 127-145.

[7] 蒙波, 黄剑斌, 李志, 等. 美国高轨抵近操作卫星 MiTEx 飞行任务及启示[J]. 航天器工程, 2014, 23(3): 112-118.

[8] KAISER C, SJÖBERG F, DELCURA J M, et al. SMART-OLEV—An orbital life extension vehicle for servicing commercial spacecrafts in GEO[J]. Acta Astronautica, 2008, 63(1-4): 400-410.

[9] ROESLER G. Robotic servicing of geosynchronous satellites (rsgs)[R]. Defense Advanced Research Projects Agency, 2017.

[10] YANG G Z, BELLINGHAM J, DUPONT P E, et al. The grand challenges of science robotics[J]. Science robotics, 2018, 3(14). DOI: DOI:10.1126/scirobotics.aar7650.

[11] GAO Y, CHIEN S. Review on space robotics: toward top-level science through space exploration[J]. Science Robotics, 2017, 2(7). DOI:10.1126/scirobotics.aan5074.

[12] SWEENEY Y. Descent into the unknown[J]. Nature Machine Intelligence, 2019, 1(3): 131-132.

[13] 李海波. 火星探测器自主着陆环境感知关键技术研究[D].南京: 南京航空航天大学, 2019.

[14] LAURETTA D, BALRAM-KNUTSON S, BESHORE E, et al. OSIRIS-REx: sample return from asteroid (101955) Bennu[J]. Space Science Reviews, 2017, 212(1-2): 925-984.

[15] FRANCIS R, ESTLIN T, DORAN G, et al. AEGIS autonomous targeting for ChemCam on Mars Science Laboratory: deployment and results of initial science team use[J]. Science Robotics, 2017, 2(7). DOI:10.1126/scirobotics.aan4582.

[16] MAURICE S, CLEGG S M, WIENS R C, et al. ChemCam activities and discoveries during the nominal mission of the Mars Science Laboratory in Gale crater, Mars[J]. Journal of Analytical Atomic Spectrometry, 2016, 31(4): 863-889.

[17] 黎明, 黄如. 后摩尔时代大规模集成电路器件与集成技术[J]. 中国科学:信息科学, 2018, 48(8): 963-977.

[18] 包为民, 祁振强, 张玉.智能控制技术发展的思考[J].中国科学:信息科学, 2020, 50(8): 1267-1272.

张可昕，北京航空航天大学自动化科学与电气工程学院博士研究生。研究方向为工业互联网智能感知与决策。

李家军，北京航空航天大学宇航学院航天信息工程系副教授。主要研究领域为计算机体系结构，重点关注领域为专用芯片设计、高性能计算。以第一/通信作者发表论文 20 余篇，合作出版专著 1 部。作为项目骨干参与多项国家自然科学基金项目。相关研究成果在金融实时风控、数据库加速等系统中有广泛应用。曾获得中国科协第二届优秀论文奖、北京市优秀毕业生、华为优秀博士生奖、中国科学院北京分院成果转化二等奖等荣誉。

对地观测的千里眼
——航天遥感

北京航空航天大学宇航学院

刘丽芹　邹征夏　史振威

遥感（Remote Sensing, RS）是利用遥感器（特定的传感器）以不互相接触的方式对目标进行观测的技术。航天遥感是利用搭载在卫星、空间站等平台上的遥感器收集地物目标辐射或反射的电磁波，以获取并判认大气、陆地或海洋环境信息的技术。俗话说：“站得高，看得远。”航天遥感平台距离地面通常在几百千米到几千千米不等，配合现代通信和光学技术，可以获得俯瞰地球的视角，是名副其实的对地观测“千里眼”。

航天遥感的产生和发展与航天技术的发展关系密切。自 1957 年苏联发射第一颗人造地球卫星开始，为了满足人们对地球观测的需求，搭载遥感器的卫星不断被发射上天。航天遥感在土地勘测、植被分析、气象监测以及军事侦察等诸多方面发挥着不可替代的作用。中国自 1970 年成功发射东方红一号卫星之后，又相继发射了多颗人造地球卫星，特别是 2010 年我国启动的高分辨率对地观测系统重大专项（简称高分专项），极大地推动了我国遥感对地观测技术的发展。截至 2020 年 9 月，我国已经成功发射包括高分一号、高分二号、高分三号、高分四号、高分五号、高分六号等在内的多颗对地观测遥感卫星。

根据《中国航天科技活动蓝皮书（2021 年）》，2021 年我国共成功发射航天器 117 个，其中遥感卫星 61 颗，占据了我国卫星发射总量的一半多。下面，分别从航天遥感系统、航天遥感的优势和航天遥感智能信息处理 3 个方面对航天遥感技术进行介绍。

航天遥感系统

为了在外太空看清地球，需要建设配套的航天遥感系统，图 1 所示为一个典型的航天遥感系统的结构。首先，遥感器作为遥感卫星的“眼睛”，是决定遥感成像质量的关键。现代的遥感器不仅可以探测精细的光谱信息，还具备大范围成像的能力。遥感卫星可以一次性“看”到非常大的场景，只需要几百张图就可以覆盖全中国。要将这么大的数据量传输到地面上，需要现代通信技术的支撑，通常人们会在地面上修建大型的地面站。

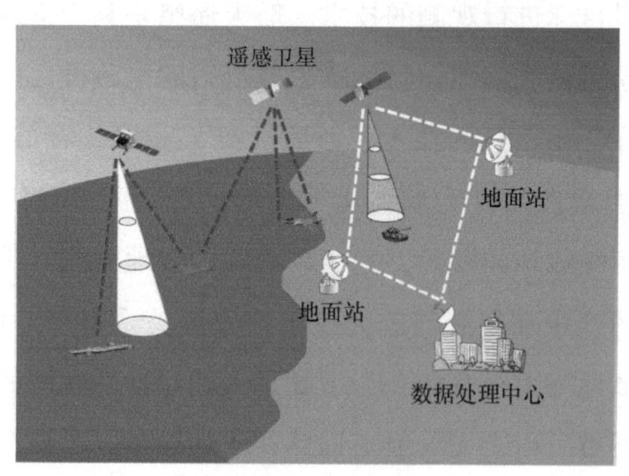

图 1　航天遥感系统的结构

地面站接收到遥感卫星下传的数据后，需要根据事先定义好的协议，将二进制码流解码变为图像，此时的图像产品为零级产品。通过名字可以知道，这时候的图像是很初级的。要想得到最终的遥感影像产品，还需要经过两个必要的步骤，即辐射校正和几何校正（在数据处理中心完成）。由于地球表面覆盖着一层大气，而遥感器位于大气层之外，因此大气的散射和辐射对于遥感成像具有很强的干扰。为了消除这些干扰，需要利用遥感器参数和大气成像模型对零级产品进行校正，得到的产品称为一级产品。另外，受到地形等因素的影响，实际得到的遥感影像产品往往会出现变形、扭曲等问题，这时候需要根据遥感器参数、遥感平台的位置等信息对一级产品进行几何校正，得到的产品称为二级产品。经过上述操作，就可以得到可用的遥感产品，再根据不同的业务需求分发给不同的应用部门。

航天遥感的优势

1. 看得“远”

遥感卫星通常在距离地面一定高度处实现对地面的观测，该高度称为卫星的轨道高度。根据卫星轨道的不同，常见的遥感卫星有太阳同步轨道卫星和地球同步轨道卫星等。太阳同步轨道卫星的轨道高度在 500 ～ 700 km，为近地轨道卫星，在拍摄到某地后，通常 3 ～ 5 天会再次观看该区域，即该类卫星的重访周期为 3 ～ 5 天。我国风云系列卫星为地球同步轨道卫星，轨道高度为 36 000 km，可以保持对地球某区域的凝视。

由于遥感卫星距离地面有一定高度，其对地扫描成像时可以观测到较宽的地表范围，该观测覆盖地表范围的宽度称为遥感器的幅宽。通常，遥感卫星的轨道高度越高，其遥感器的幅宽越大，即卫星站得“高”则看得“远”。例如，我国高分一号卫星为太阳同步轨道卫星，其重访周期为 4 天，所成全色图像的幅宽为 60 km，宽幅多光谱图像的幅宽为 800 km，而我国的风云四号气象卫星为地球同步轨道卫星，其始终凝视地球固定区域，可提供 2 000 km × 2 000 km 区域的 1 min 间隔多谱段连续观测。图 2 所示为高分一号卫星宽幅多光谱图像及其中地物。

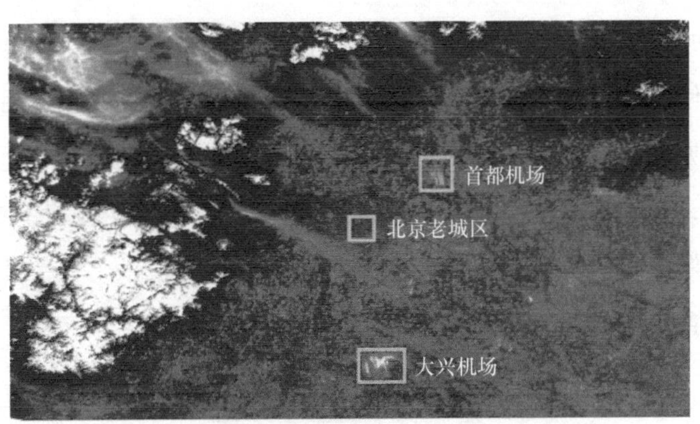

图 2　高分一号卫星宽幅多光谱图像及其中地物

2. 看得“清”

除看得“远”外，遥感卫星还看得“清”，在航天遥感图像中，地面目标的细节被看得十分清楚。航天遥感图像中的每个像素所代表地面范围被称为遥感图像的空间分辨率。随着航天遥感技术的发展，我国遥感卫星的空间分辨率也逐步提升，2014 年发射的高分二号卫星已达到 0.8 m 的全色分辨率，可以准确分辨出建筑、车辆等目标。图 3 所示为高分二号卫星 0.8 m 融合图及局部放大图，在该图中，建筑与道路清晰可见，甚至可以观察到道路上车辆的位置。

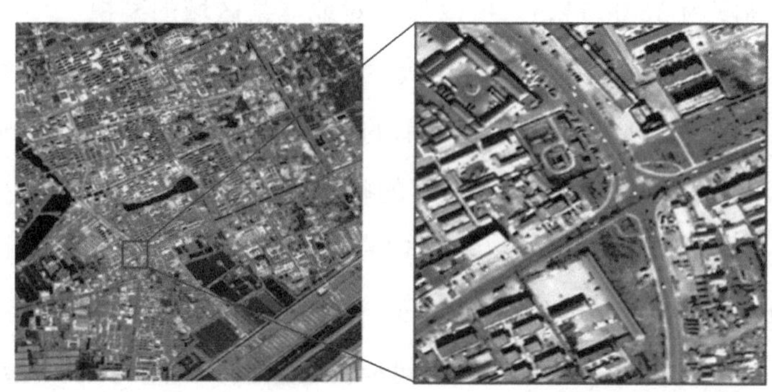

图 3　高分二号卫星 0.8 m 融合图及局部放大图

3. 辨得“明”

不同的地物可能具有相同的表观颜色，为能精确识别这些地物，遥感卫星广泛使用了高光谱遥感技术。遥感卫星搭载的成像光谱仪可以在电磁波谱的可见光、近红外和短波红外区域获得许多波段间隔窄、近似连续的图像数据，具有高的光谱分辨率，一般具有 100 ～ 400 个波段的探测能力。高光谱图像是一个数据立方体，它的每一层图像对应一个光谱波段，每个像素点位置对应一条光谱曲线，如图 4 所示。

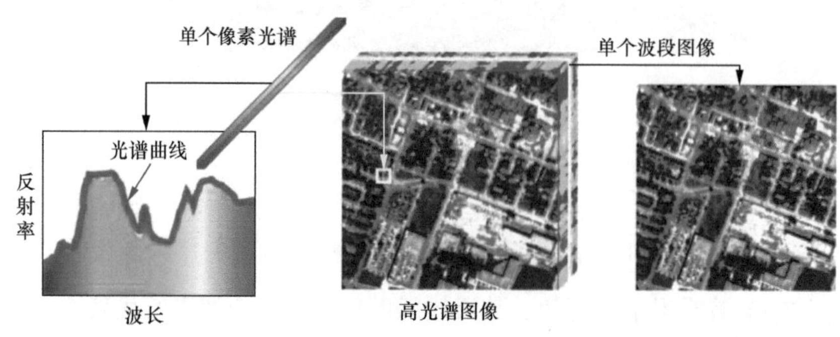

图 4　高光谱图像

地物的光谱曲线是地物的一张“身份证”，借助地物的诊断性光谱，可以将地物的信息看得更“详细”。2018 年 5 月，我国成功发射了高分五号卫星。高分五号卫星搭载的可见短波红外高光谱相机，可以在 400 ～ 2 500 nm 光谱范围内拍摄同一地物的 330 个波段的图像，从而能精准识别各类地物的特性。此外，高分五号卫星还是世界上首颗实现对大气陆地综合观测的全谱段高光谱卫星，填补了国产卫星无法有效探测区域大气污染气体的空白，是我国实现高光谱对地观测能力的重要标志。

航天遥感智能信息处理

近年来，深度学习等人工智能的兴起推动了航天遥感智能信息处理的变革。人工智能已经广泛应用于航天遥感领域，对解决航天遥感相关产业、行业的痛 / 难点问题起到至关重要的作用。依托于数据驱动结合模型驱动的人工智能，航天遥感相关下游产业焕发生机，突破了传统依赖于人海战术解译的效能局限，降低了产业人力和物力成本，极大地提升了产业效率。

1. 人工智能赋能航天遥感智能信息处理

人工智能赋能航天遥感主要包括 4 个层次（见图 5）：① 数据；② 基础算法；③ 应用算法；④ 航天遥感应用。数据是人工智能的基础，数据之于智能，就如石油之于现代工业体系。航天遥感领域的数据主要有多光谱影像、高光谱影像和合成孔径雷达影像等。算法是人工智能的核心要素，分为基础算法和应用算法。基础算法具有更强的普适性，如各种卷积神经网络和以随机梯度下降等为代表的最优化方法。应用算法是由特定任务决定的，包括语义分割网络、目标检测网络和变化检测网络等。航天遥感应用主要包括舰船目标检测、云/雪检测、土地利用自动解译、建筑变化监测等。

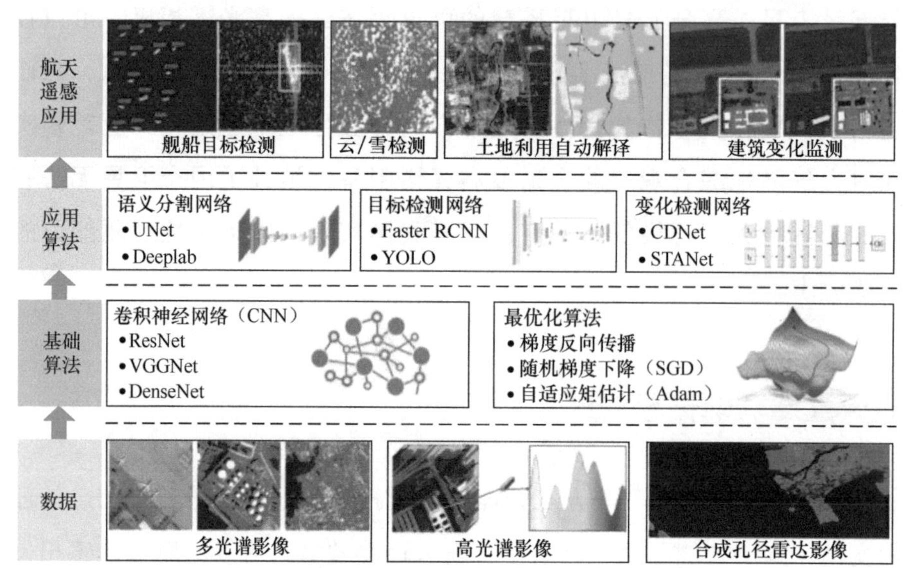

图5　人工智能赋能航天遥感：数据、算法与应用

一般而言，深度学习模型在航天遥感的应用流程可以分为3个阶段：①收集/标注训练样本数据；②训练深度学习模型；③应用深度学习模型。获得带标注的训练样本数据是训练深度学习模型的前提条件。训练样本数据越多、标注质量越高，往往越有利于深度学习模型的训练。以卷积神经网络模型为代表的深度学习模型，在由带标注的训练样本数据端到端的训练过程中，根据训练样本标签与深度学习模型网络预测结果计算的损失，衡量深度学习模型拟合当前训练样本数据的能力，通过梯度反向传播来更新深度学习模型参数，进而自适应地提取逐层抽象的特征，最终学到区分不同类样本的能力。在深度学习模型训练结束后，保存最优深度学习模型参数以用于后续的应用。在应用深度学习模型阶段，利用部署的深度学习模型对新采集的航天遥感影像进行智能化处理，可获得对应的智能化产品。深度学习模型的应用流程如图6所示。

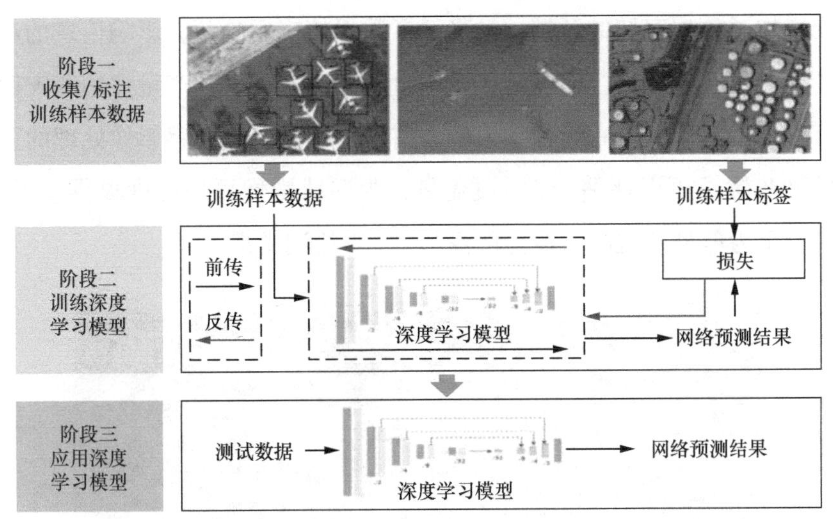

图 6　深度学习模型的应用流程

2. 航天遥感智能信息处理典型案例

（1）遥感影像目标检测

遥感影像目标检测可以从广域遥感影像中对感兴趣的目标进行定位和识别，在军事和民事领域有广泛应用[1-2]。长期以来，遥感影像目标检测主要以人工目视解译为主。以舰船目标检测为例，我国南海海域总面积约为 350 万平方千米。覆盖整个南海全域大约需要 350 万张高分一号卫星融合影像切片，每张影像切片大小为 500 像素 ×500 像素，分辨率为 2 m/像素。假设一个熟练的解译员判读单张影像切片耗时 10 s，则解译完整个南海区域大约需要耗时 40 天，这将严重影响遥感图像解译的时效性。人工目视解译方法难以适应日益增长的数据判读需求，为此研究目标自动快速检测识别方法具有十分重要的现实意义。图 7 所示为遥感图像典型目标自动化检测结果。

（2）遥感影像云 / 雪检测

在可见光遥感影像中，云层遮盖地物的现象普遍存在。据统计，50% 以上的地球地表被云层覆盖[3]，大量云层覆盖的遥感影像无法用于处理，这既增加了数据存储的开销，又降低了数据的实用价值，影响信息的解译和情报的获取。此外，雪覆盖区域的自动检测对于农业产量评估和灾后救援有重要价值。对遥感影像中云层和雪层进行检测是遥感影像处理的重要预处理步骤，可以评估云 / 雪覆盖量，为遥感影像可用程度提供参考 [4]。图 8 所示为典型地貌的云覆盖影像与云 / 雪检测结果。

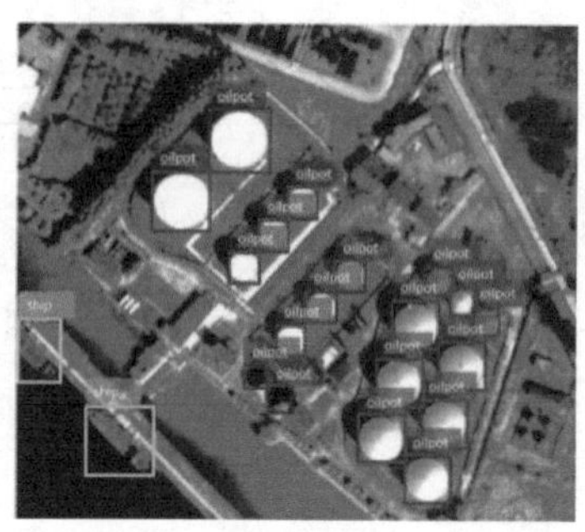

图 7　遥感图像典型目标自动化检测结果

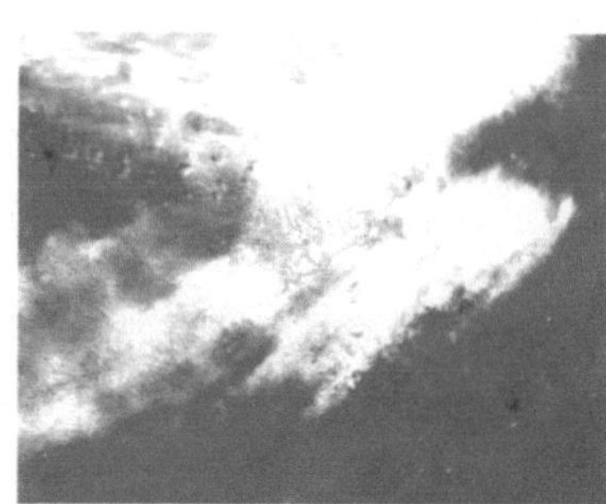

（a）原始图像

（b）检测结果（■云，■雪）

图 8　典型地貌的云覆盖影像与云 / 雪检测结果

（3）土地利用变化检测

基于多时相遥感影像的土地利用变化检测旨在根据对比同一地点的不同时间拍摄的遥感影像，分析其中发生变化的地物 [5-7]。土地利用变化检测在民事和军事领域应用广泛。在民用领域，基于多时相遥感影像的土地利用变化检测可以快速获取建设用地新增情况，分析国土变化，为国土部门地理国情监测提供支持，降低违法乱建的执法成本。在军事领域，基于多时相遥感影像的土地利用变化检测可获取机场、港口、油库、导弹阵地等特定军事目标的动态变化情况，及时感知战场信息，为指挥决策提供支持。图 9 所示为基于深度学习的建筑变化检测，建筑变化结果可以反映前后时相图像中对应位置发生建筑增减变化的情况（黑色表示未变化，白色表示发生变化）。

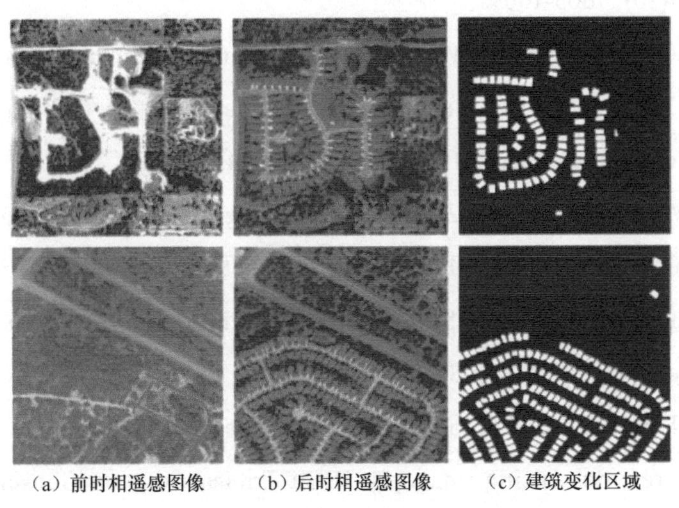

（a）前时相遥感图像　（b）后时相遥感图像　（c）建筑变化区域

图 9　基于深度学习的建筑变化检测

结语

航天遥感是对地观测的千里眼，具有观测幅宽广（看得“远”）、空间分辨率高（看得“清”）、光谱分辨率高（辨得“明”）等特点。航天遥感影像提供了人类观测地表的新方式，驱动了包括国土资源调查、环境监测、农业、林业、海洋、气象等诸多领域的发展。特别是近年来兴起的以深度学习为代表的人工智能，在诸多航天遥感应用中大放异彩。未来的航天遥感将与更多行业结合，进一步融入百姓的生活之中，为国土安全和民生福祉创造更大的价值。

参考文献

[1] LIN H N, SHI Z W, ZOU Z X. Fully convolutional network with task partitioning for inshore ship detection in optical remote sensing images[J]. IEEE Geoscience and Remote Sensing Letters, 2017, 14(10): 1665-1669.

[2] ZOU Z X, SHI Z W. Ship detection in spaceborne optical image with SVD networks[J]. IEEE Transactions on Geoscience and Remote Sensing, 2016, 54(10): 5832-5845.

[3] WU X, SHI Z W, ZOU Z X. A geographic information-driven method and a new large scale dataset for remote sensing cloud/snow detection[J]. ISPRS Journal of Photogrammetry and Remote Sensing, 2021(174): 87-104.

[4] LI W Y, ZOU Z X, and SHI Z W. Deep matting for cloud detection in remote sensing image[J]. IEEE Transactions on Geoscience and Remote Sensing, 2020, 58(12): 8490-8502.

[5] CHEN H, QI Z P, SHI Z W. Remote sensing image change detection with transformers[J]. IEEE Transactions on Geoscience and Remote Sensing, 2022 (60). DOI: 10.1109/TGRS.2021.3095166.

[6] CHEN H, SHI Z W. A spatial-temporal attention-based method and a new dataset for remote sensing image change detection[J]. Remote Sensing, 2020, 12(10). DOI: 10.3390/rs12101662.

[7] SHEN L, LU Y, CHEN H, et al. S2Looking: a satellite side-looking dataset for building change detection[J]. Remote Sensing, 2021, 13(24). DOI: 10.3390/rs13245094.

刘丽芹，北京航空航天大学宇航学院博士研究生。研究方向为高光谱遥感图像处理。

邹征夏，北京航空航天大学宇航学院副教授。研究方向为遥感图像处理、计算机视觉，在TPAMI、TIP、ICCV、CVPR等重要期刊和会议上发表学术论文40余篇，相关成果累计应用于国内外6颗遥感卫星的地面应用系统，被新华社、中央电视台等媒体机构报道。

史振威，北京航空航天大学宇航学院图像中心主任，教授、博士生导师。面向航天遥感和军事侦察等国家重大需求，长期从事遥感图像处理研究，共发表学术论文200余篇，主持国家自然科学基金委杰出青年基金、国家重点研发计划等国家级项目11项，相关研究共计应用于十余型我国军 / 民用卫星的地面处理系统。

飞行器的私人医生

——故障检测与诊断新技术

北京航空航天大学宇航学院

宋 佳 艾绍洁

“地球是人类的摇篮，但人类不可能永远被束缚在摇篮里”，“宇宙航行之父”齐奥尔科夫斯基曾如是说。飞行器（包括航空器和航天器）是人类向大气层和宇宙空间进行探索与拓展的产物，经过近代百余年的快速发展，航空航天已经成为21世纪最活跃和最具影响的科学技术领域之一。航空航天领域中取得的重大成就不仅表征着一个国家科学技术的先进水平，也标志着人类文明的最新发展。我国对制造飞行器的探索可以追溯到春秋时期鲁班的木鸢和东汉时期张衡的木鸟。近代飞行器理论研究开始于19世纪80年代，实物出现于20世纪初，技术达到实用化并逐步走向成熟是在20世纪五六十年代。然而，中国航空之父——冯如因飞机在表演中失速而丧生、苏联航天员弗拉基米尔·科马罗夫因飞船主降落伞未能正常弹出而牺牲、美国哥伦比亚号航天飞机因隔热瓦脱落而解体，无一不凸显着接踵而至的飞行器故障问题。航空器重复飞行频次高，易发生机毁人亡的重大事故，对安全性和可保障性等提出了很高的要求；卫星、飞船和空间站等航天器长期无人值守，要求具有自主状态监测和故障诊断的能力，以实现系统的长期可靠运行。随着飞行器在军用和民用领域中扮演着越来越重要的角色，基于对其系统可靠性、安全性和经济性的考虑，故障检测与诊断技术得到了越来越多的重视和应用。下面将从故障检测与诊断技术基本概念开始，谈一谈智能新技术是如何能够提升飞行器的可靠性并及时帮飞行器检查出问题的。

什么是飞行器的故障检测与诊断技术

随着航空航天技术的进步，各种各样的飞行器（见图1）出现在我们的视野中。应用于民用领域的飞行器为我们的生活提供了便利；应用于军用领域的飞行器则彰显着国家航空航天的实力。例如，我国的东风系列导弹为我国的领土安全提供了很好的保障，国产翼龙无人机则可以实现无人战斗以及远程控制等。

（a）国产C919飞机

（b）北航4号火箭

（c）国产翼龙无人机

（d）东风-26导弹

图 1　各种各样的飞行器

飞行器在空中稳定飞行并完成各种飞行动作离不开飞行器的核心——飞行控制系统。飞行控制系统主要包含飞行控制器、飞行传感器和执行机构 3 部分。飞行控制器的作用相当于人类的大脑一样，能够对飞行器的飞行姿态和运动参数进行实时控制，确保飞行器的稳定性和操控性，并提高飞行器完成任务的能力、飞行品质和整机安全性。飞行传感器负责感知飞行器运行过程中自身状态和周围环境，通常包含导航接收机、陀螺仪和加速度计等（见图 2）。执行机构则是完成飞行控制器姿态指令的执行者，使飞行器完成相应的飞行动作。不同的飞行器有着不同的执行机构，执行机构通常有舵面、螺旋桨、推力器喷管等。

由于飞行器通常处于高振动以及多种干扰的飞行环境中，并且需要频繁地执行任务，因此飞行传感器容易出现机械损坏或者线路老化等故障。如果这些故障不能被及时检测出，那么错误的飞行数据就会被传递给飞行控制器，导致飞行控制器对飞行器当前飞行状态判断错误，从而产生错误的控制指令，最终造成飞行器控制任务的失败。由于频繁飞行以及环境的恶劣，执行机构同样会出现机械损伤或者疲劳断裂，导致飞行任务失败甚至是人员财产的损失。为了及时检测并诊断出飞行器传感器、执行机构等器件的故障，飞行器的私人医生——故障检测与诊断技术上岗了。

(a) 陀螺仪

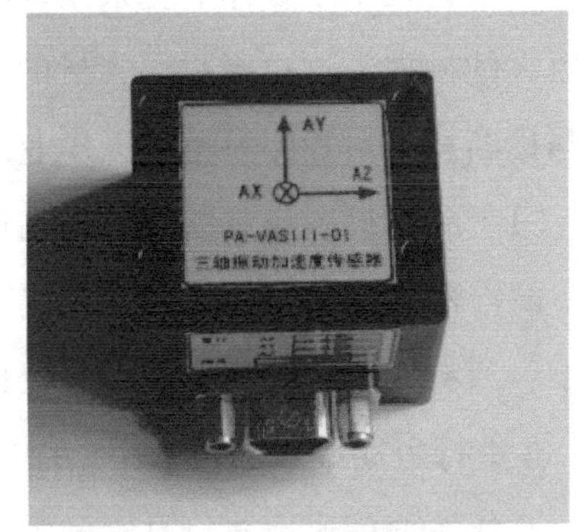

(b) 加速度计

图 2 飞行传感器

为什么进行故障检测与诊断技术的研究

飞行器的故障检测与诊断技术是保障飞行器各个系统安全运行的可靠性技术。该技术的检测对象不仅仅是飞行传感器和执行机构，任何在飞行器上可能出现故障的系统及零部件都在该技术的应用范围内。

随着飞行器本体及机载设备的不断升级换代，飞行器功能日益强大，其服役任务进一步扩展。飞行器任务的多样性和服役环境的不确定性对飞行器任务完成的成功率带来了新的挑战。为降低飞行器服役期间因系统组件故障带来的任务中断和巨大财产损失威胁，需要不断提升飞行器系统的安全性和可靠性。传统的事后维修和定期维修等被动式维修保障方法易引起不必要的停机，且会存在维修损坏隐患，已无法满足当前人们对飞行器可靠性和经济性的需求。因此需要对飞行器的故障检测与诊断技术进行研究，该技术可以提高飞行器关键组件乃至整个飞行器系统的可靠性，进一步保证飞行器的安全运行，并降低飞行器全寿命周期内的运行维护费用[1]。

然而对飞行器的各个系统进行故障检测与诊断并不是件容易的事。飞行器是集航空航天技术、电子技术、计算机控制技术、信息技术和传感技术等多学科技术于一体的复杂系统。系统的复杂性给故障检测与诊断带来了巨大的挑战，这也吸引了大量的研究人员对其开展深入研究[2]。故障检测与诊断技术对我国航空航天事业的发展具有重要意义。

（1）故障检测与诊断技术是飞行器重症提前预防的依据

航空器通常采用故障修复和定期维修两种方式。在进行故障修复的过程中，所有的维修保障方式都是根据已发生的特定故障进行的被动补救措施；在进行定期维修的过程中，航空器的实际工作状态将不被纳入考虑范畴，直接按部就班地执行具有确定维修时间的既定维修策略，定期地进行日常维护以及小修、中修和大修，难免存在着维修时间长、维修步骤烦琐、冗余和针对性不强等问题。定期维修保障措施对于长期在轨运行的航天器更是束手无策。严重影响飞行器飞行能力的“重症”故障，需要通过先进的维修保障理念的落地来实现，即从“事后维修”转为“视情维修”，从“定期维修”转为“基于状态的维修”，从而提高飞行器重症预防和保障的效率。而这其中基于状态的维修依赖于故障检测与诊断技术所得到的故障信息，即重症征兆。

（2）故障检测与诊断技术是飞行器疾病及时确诊的手段

随着现代飞行器信息化程度的不断提高，其复杂程度也随之提升，进而故障发生概率也明显上升。与此同时，故障类型的多样化也使故障的隔离和定位更加困难，飞行器一旦发生故障，将造成机毁人亡的重大事故。传统的地面检测、定期维修、事后维修等维修保障方式，不能在第一时间及时地得到故障发生概率及其类型和发生时间等详细信息，进而不能有效地采取故障规避措施。如果不能对已发生的故障进行及时且准确的诊断，将严重影响飞行器的可用性，降低其战场作战效能。故障检测与诊断技术可以通过对监测到的状态进行科学评估分析飞行器的健康程度，及时准确地进行故障隔离和定位。

（3）故障检测与诊断技术是飞行器自主保障的前提

现阶段飞行器的维修和保障主要依赖于设备研制单位，飞行器出现故障后，往往需要设备研制人员到现场进行人工维修保障。飞行器自主保障能力低，与日益增长的智能自主的试验验证、运用维护、维修保障的需求极不相称。为了赋予飞行器自主保障能力，首先就要求故障检测与诊断技术的参与，该技术不仅可以及时发现故障隐患，还可以预测关键零部件的可靠工作寿命，做到“兵马未动，保障先行”，在节省人力和物力的情况下，有效地提升飞行器的自主保障能力。

（4）故障检测与诊断技术是降低飞行器成本的有效手段

科研工作者为了提高飞行器的维修保障水平，通常在飞行器上设计并配置有大量先进测试仪器和自动测试装置。这虽然提高了测试保障能力，但同时也增加了维修保障人员和维修保障费用，在一定程度上降低了飞行器的机动性，而且对相应高精密测试系统的保障问题也进一步凸显。故障检测与诊断技术的应用，可促进测试系统与飞行器本身更加合理地融为一体，通过将一些机外测试保障能力转移到机内，使飞行器的使用人员和维修保障人员更加了解飞行器的健康状态，故障自主隔离能力进一步增强，有助于后期维修保障策略的自动生成；可有效地减少设备维修保障所需的测试系统、备品备件、人力及其培训等费用，从而降低飞行器成本。

飞行器故障检测与诊断新技术的发展

20 世纪 70 年代以前，我国一直沿用传统的经验维修办法，用维修检测人员的经验来确定检查时间和内容，按照定期维修规定的时间和内容实施检测维修，维修人员依靠观察、触摸、听声音等感受，对设备进行故障检测与诊断，确定故障位置。20 世纪 70 年代，我国开始采用传感器来监测设备运行状态，并辅助基于原位检测和无损探伤的故障检测与诊断技术，实施了以材料机械性能检测和寿命分析为重点的维修改革，使飞行器上 70% 的检查项目实现了原位检测，定检工时缩短一半。20世纪八九十年代，随着故障诊断、神经网络、模糊推理和智能诊断方法的不断发展，在飞机动力、飞机控制、电传操纵、起落构件和供电电源等系统实施了状态监测，依据状态监测数据实施故障隔离与定位，故障检测与诊断效果明显改善。进入21世纪之后，更加完善的状态检测系统被应用于航空器，人工智能算法大量用于故障诊断与故障预测，不少智能化与综合化测试系统和便携式维修检测设备投入实际应用，使得航空器的状态监测和故障诊断能力大幅提升。

为了向后期的维修策略提供必备的故障信息[3]，飞行器故障检测与诊断技术需要实现3个功能：判断飞行器系统是否发生故障、辨认飞行器系统存在的故障以及识别故障的大小和位置等信息。由此，该技术主要通过故障检测、故障隔离以及故障识别等3个步骤顺序实现[4]。

在当前的故障检测与诊断领域，有传统故障检测与诊断技术和数据驱动的故障检测与诊断技术两大主流研究方向[5-6]。20世纪70年代，传统故障检测与诊断技术初露头角，研究人员先后开发的基于专家系统[7]和基于模型[8]的故障检测与诊断技术步入历史舞台。如今，成熟的传统故障检测与诊断技术已经在飞行器中得到了广泛的应用。然而，传统故障检测与诊断技术也具有难以回避的缺点：基于专家系统的故障检测与诊断技术需要经验丰富的专家和知识库[见图3(a)]；基于模型的故障检测与诊断技术[见图3(b)]需要精确的物理或者数学模型，涉及非线性系统模型、各种待诊断故障模型等。以上缺点都阻碍了传统故障检测与诊断技术的进一步发展。

以执行运载、打击和深空探测等任务为导向的飞行器系统，由结构、动力、控制、遥测、电气等多个子系统构成，且每个子系统都具有参数多、数据量大、参数间耦合的复杂特点。随着飞行器系统精度和复杂度的提高，对故障检测与诊断的速度和准确性也提出了更高的要求，且故障通常由数据变化表示，这些特点使得飞行器的故障检测与诊断技术进入大数据时代。

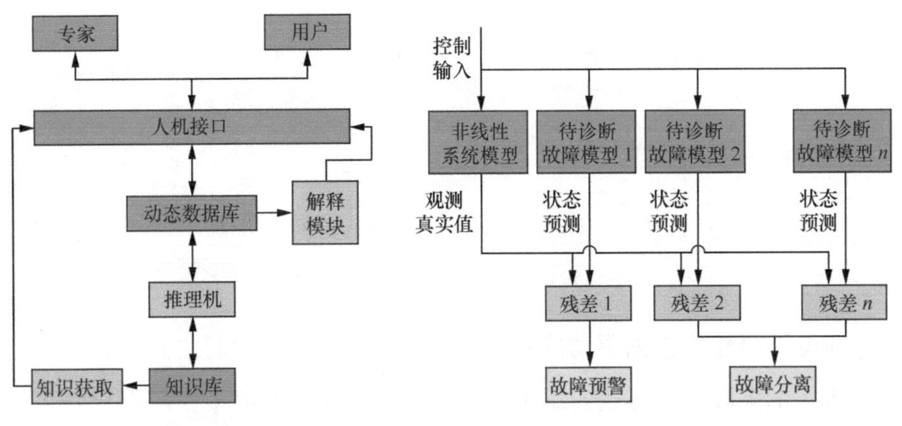

（a）基于专家系统的故障检测与诊断技术

（b）基于模型的故障检测与诊断技术

图 3　传统故障检测与诊断技术

在这种背景下，数据驱动的故障检测与诊断技术（见图 4）表现出优异的性能[9-10]。它以传统机器学习方法为基本理论，利用数据挖掘技术（深度学习方法和迁移学习方法）进行故障特征的学习和提取，建立故障特征和故障模式之间的联系[11]，从而达到故障检测与诊断的目的，由数据特征提取和故障模式分类两步走实现（见图 5）。

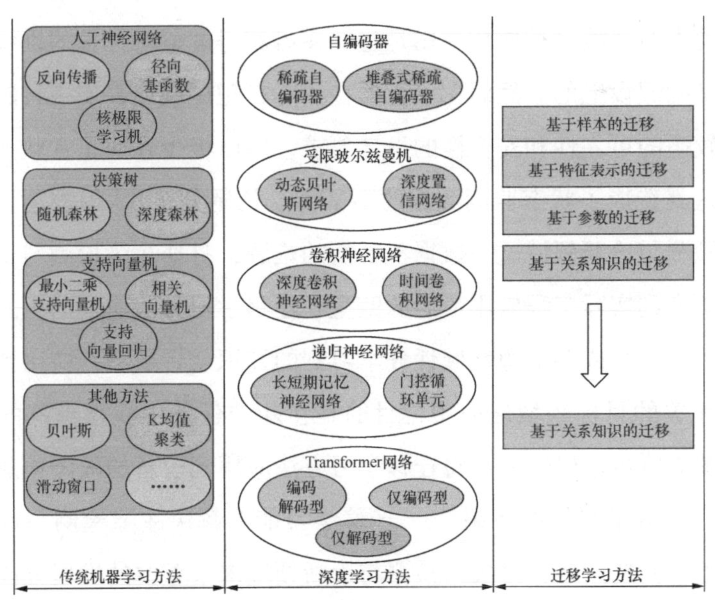

图 4　数据驱动的故障检测与诊断技术

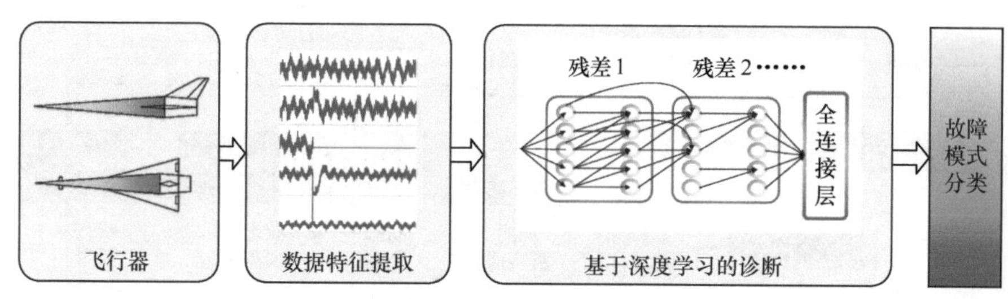

图5 飞行器的深度学习故障检测与诊断方法流程

深度学习作为数据驱动的故障检测与诊断技术的后起之秀，近年来受到了极大的关注，并迅速占据了故障检测与诊断领域的半壁江山[12-13]。深度学习作为一种新的学习策略，采用多隐藏层网络以逐层学习的方法从输入的数据中直接提取故障特征，属于端到端的学习方法。其深层的网络结构允许它挖掘混乱数据里的本质属性、特征表示和状态类别。深度学习的特征学习优势恰好满足了飞行器故障检测与诊断中对高阶性、自适应、非线性、耦合性以及鲁棒性特征学习的要求，深度学习强大的特征表示学习及提取能力使得故障检测与诊断变得更加高效。

虽然深度学习在故障检测与诊断领域取得重大成功，但是由于其依赖于数据的本质，故这种成功应用是建立在可获得海量有标签的训练样本数据这一基础假设上的。然而，飞行器在实际打靶试验或真实飞行时，都需要满足较高的可靠性和安全性的设计要求，所以极少在非正常状态下长期运行，这就造成了状态监测数据的不平衡、长尾分布[14]等难题。为了解决故障检测与诊断领域这一数据不平衡的难题，打通故障检测与诊断技术从理论研究到实际工程应用最后的壁垒，迁移学习方法应运而生。迁移学习就是将在一个或多个源领域任务学习到的知识或者模型，应用到另一个不同但相关的目标领域任务中，目的是在新的任务中获得更好的学习效果，如图6所示。研究人员将迁移学习方法应用到设备的故障检测与诊断技术中，取得了很好的效果[15]。迁移学习能够解决故障检测与诊断领域的数据不平衡的问题，是故障检测与诊断领域未来重要的发展方向之一。

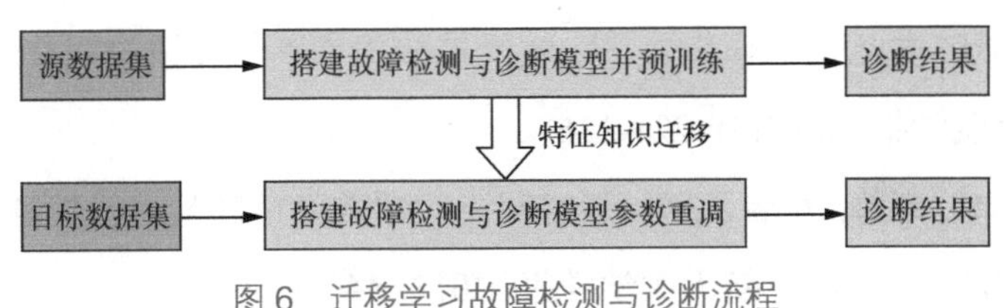

图 6　迁移学习故障检测与诊断流程

结语

在过去的几十年内，世界范围内航空航天工程应用不断促进研究人员对飞行器故障的了解，同时也不断累积了珍贵的状态检测数据。目前，传统故障检测与诊断技术已经成熟应用于发动机地面试车、无人飞机打击任务和卫星在轨运行等任务中，大大提升了飞行器试验、飞行的安全性和可靠性。目前，智能化的故障检测与诊断新技术仅仅构建了层次化的故障诊断架构，一体化的系统级故障预测技术尚未完全掌握。然而，随着大数据时代的到来，在未来的五到十年，基于人工智能的故障检测与诊断新技术将会被持续重点关注。故障隔离与定位的准确性、故障诊断覆盖性等工程实际问题将有望采用新的方法加以解决。状态监测大数据的充分利用、智能故障诊断算法的标准化和程序化以及故障自诊断与自修复的实现都是故障检测与诊断新技术的未来发展方向。

参考文献

[1] 苗建国, 王剑宇, 张恒, 等. 无人机故障诊断技术研究进展概述[J].仪器仪表学报, 2020, 41(9): 56-69.

[2] JIANG B, ZHANG K, LIU C, et al. Fault diagnosis and accommodation with flight control applications[J]. Journal of Control and Decision, 2020, 7(1): 24-43.

[3] 邢琰, 吴宏鑫, 王晓磊, 等. 航天器故障诊断与容错控制技术综述[J]. 宇航学报, 2003(3): 221-226.

[4] 姜斌, 赵静, 齐瑞云, 等. 近空间飞行器故障诊断与容错控制的研究进展[J]. 南京航空航天大学学报, 2012, 44(5): 603-610.

[5] AI S, SONG J, CAI G. A real-time fault diagnosis method for hypersonic air vehicle with sensor fault based on the auto temporal convolutional network[J]. Aerospace Science and Technology, 2021(119). DOI: 10.1016/j.ast.2021.107220.

[6] 沈毅, 李利亮, 王振华.航天器故障诊断与容错控制技术研究综述[J]. 宇航学报, 2020, 41(6): 647-656.

[7] CHANG C. Satellite diagnostic system: an expert system for intelsat satellite operations[C]// IVth European Aerospace Conference, 1992.

[8] 秦剑华, 王莉. 基于变权重主元分析的航天电源系统诊断方法研究[J]. 仪器仪表学报, 2018, 39(8): 15-23.

[9] AI S, SONG J, CAI G. Diagnosis of sensor faults in hypersonic vehicles using wavelet packet translation based support vector regressive classifier[J]. IEEE Transactions on Reliability, 2021, 70(3): 901-915.

[10] AI S, SHANG W, SONG J, et al. Fault diagnosis of the four-rotor unmanned aerial vehicle using the optimized deep forest algorithm based on the wavelet packet translation[C]//2021 8th International Conference on Dependable Systems and Their Applications (DSA). Piscataway, USA: IEEE, 2021: 581-589.

[11] CHEN H, JIANG B, DING S X, et al. Data-driven fault diagnosis for traction systems in high-speed trains: a survey, challenges, and perspectives[J]. IEEE Transactions on Intelligent Transportation Systems, 2020. DOI:10.1109/TITS.2020.3029946.

[12] HOANG D T, KANG H J. A survey on deep learning based bearing fault diagnosis[J]. Neurocomputing, 2019(335): 327-335.

[13] ZHAO R, YAN R, CHEN Z, et al. Deep learning and its applications to machine health monitoring[J]. Mechanical Systems and Signal Processing, 2019(115): 213-237.

[14] 年夫顺. 关于故障预测与健康管理技术的几点认识[J]. 仪器仪表学报, 2018, 39(8): 1-14.

[15] WEN L, GAO L, LI X. A new deep transfer learning based on sparse auto-encoder for fault diagnosis[J]. IEEE Transactions on systems, man, and cybernetics: systems, 2017, 49(1): 136-144.

宋佳，北京航空航天大学宇航学院航天制导、导航与控制系副主任，副教授、博士生导师。学术贡献主要集中于飞行器智能自主协同控制技术、飞行器故障诊断与容错控制技术和中小型火箭制导控制系统研制工作，相关成果成功应用于多型飞行器，并任某型飞行器的副总设计师。主持多项国家级、省部级科研项目，在国内外学术刊物和会议上发表论文 60 余篇、以第一完成人授权国家发明专利 35 项、软件著作权 5 项。以第一完成人获国防科技进步奖二等奖、三等奖各 1 项。出版专著 1 部、教材 1 部。北航 3 号探空火箭和北航 4 号临近空间火箭动力飞行器飞行控制与测发控指导教师。联合指导项目“天梭动力——中国固液火箭动力高空高速飞行器的开拓者和引领者”获第七届中国国际“互联网 +”大学生创新创业大赛金奖。

艾绍洁，北京航空航天大学宇航学院博士研究生。主要研究方向为智能故障诊断与容错控制。

可上九天揽月

——临近空间飞行器控制

北京航空航天大学空天飞行器技术研究所

刘 昊

现在，每天约有 10 万架次的民航客机在高度 20 km 以内的大气层中穿梭，将数千万人送至目的地[1]；同时，在距离地球表面 100 km 以外的太空，约有 4 000 颗卫星在围绕地球昼夜不停地旋转[2]；而在距离地球表面 20 ～ 100 km 的区域，空气稀薄、环境变化剧烈，人类鲜有涉足，这一区域就被称为“临近空间”。临近空间飞行器由于其高度特殊，难以被雷达察觉，具有更高的逃逸概率和任务完成率。我们可以通过控制临近空间飞行器完成全球实时侦察、快速部署和远程精确打击等任务（见图 1），而这背后离不开现代飞行控制技术的飞速发展。

20 世纪 50 年代中期，空间技术迅速兴起，现代控制理论在其推动下有了全新的发展，其目的是解决把宇宙火箭和人造卫星用最少燃料或最短时间准确地发射到预定轨道这类空间控制技术问题[3]。但临近空间飞行器的飞行环境、气动、结构等方面都与传统的飞行器有着巨大的差别，传统控制技术很难甚至无法满足临近空间飞行器的要求。本文重点介绍控制技术在临近空间飞行器中的应用现状与发展前沿。在此之前，为了让读者对临近空间飞行器控制技术所面临的重点和难点问题有更为全面的认知，我们将从临近空间飞行器的发展历程出发，揭开临近空间飞行器控制这一前沿领域的神秘面纱。

图 1　临近空间飞行器完成远程精确打击任务

什么是临近空间飞行器

临近空间也被称为“亚太空”“亚轨道”，一般指距地面 20 ～ 100 km 的地球大气空间，如图 2 所示。这一区域有比较复杂而独特的环境，同时也会受到电磁辐射影响。在该区域，空气稀薄，常规飞机无法到达；卫星则由于空气阻力的影响无法稳定停留。“飞机上不去、卫星下不来”是对该区域最合适的描述[4]。

而我们探究的，是一种飞行在临近空间并完成特定任务的飞行器——临近空间飞行器，如探空火箭、超声速客机、部分巡航导弹等。临近空间飞行器可以有多种分类方式，以巡航速度为分类标准，临近空间飞行器可被划分为亚声速飞行器、跨声速飞行器、超声速飞行器、高超声速飞行器等。它们既有航空器的优势，又有航天器不可比拟的优点，既能在大气层内进行巡航飞行，又能穿越大气层后做再入大气层飞行，如图 3 所示[5]。

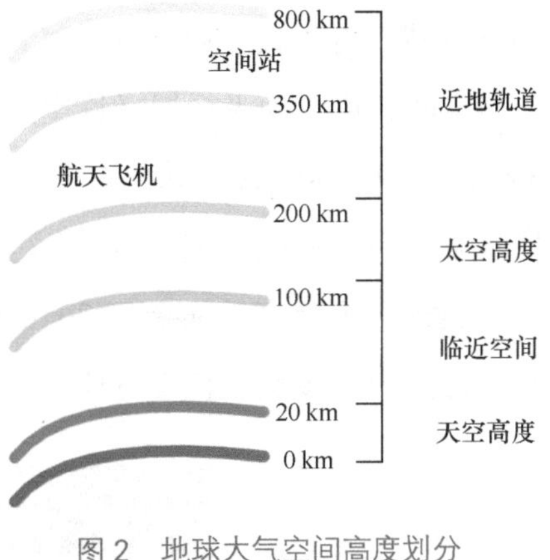

图 2　地球大气空间高度划分

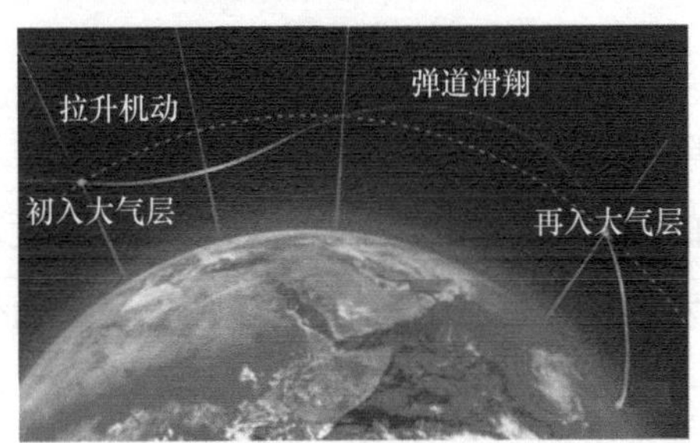

图 3　临近空间飞行器穿越大气层做再入大气层飞行任务剖面

美国早在20世纪60年代就提出了一系列临近空间飞行器的发展计划，先后建造了一系列用于飞行试验的临近空间飞行器。20 世纪 90 年代，美国军方制订并实施了即时全球打击计划，以具备在 1 h 内对全球任何目标实施打击的能力。2020 年，美国军方又为高超声速科研项目申请了 26 亿美元经费，目标是在 2028 年拥有一系列兼容海、陆、空三军发射的武器系统，包括战术射程高超声速导弹和中程高超声速导弹。此外，美国陆军还计划开发一种公路机动的远程高超声速武器，该武器将采用两级助推器发射，可执行纵深打击以对抗敌方的反介入 / 区域拒止能力 [6]。

目前，临近空间飞行器在军事方面主要有 3 个发展方向：空间轨道机动飞行器、再入式滑翔器及吸气式巡飞器。

空间轨道机动飞行器又称空天飞机，是传统航天飞机的升级，装备有 3 种发动机：喷气式发动机——实现地面起飞降落；超燃冲压发动机——实现临近空间高超声速巡航；火箭发动机——为其提供大气层外的飞行动力。美国国家航空航天局于 2010 年成功首飞 X-37B 空天飞机（见图 4），目前已实现了多次在轨飞行任务 [7-8]。

图 4　X–37B 空天飞机

再入式滑翔器由载体和载荷组成，载体一般为火箭发动机、载荷为锥形体或乘波体构型的战斗部。在发射时，首先由火箭发动机将载荷送至临近空间，随后火箭发动机与载荷分离，载荷在自身重力作用下进行远距离滑翔，并多次再入大气层，最终完成侦察、打击任务。俄罗斯在这一方面进展迅速，2019 年服役的“先锋”滑翔战略弹道导弹（见图 5），具有两级火箭发动机，能以 20 倍声速飞行，可以轻松突破美国导弹防御系统，具备洲际快速打击能力 [9]。

图 5 “先锋”滑翔战略弹道导弹

在 2019 年 10 月 1 日国庆阅兵式的战略打击方队中，有一款导弹引起了轰动，它就是我国自主研发的东风 -17 弹道导弹。其采用乘波体构型设计，配有高超声速弹头，最大射程 2 000 多千米，垂直发射后按照抛物线轨迹飞行，必要时再入大气层进行滑翔变轨飞行，可对中近程目标实施精确打击，这也意味着我国成为世界上第一个具有高超声速武器初始作战能力的国家 [10]。

吸气式巡飞器则由助推火箭和巡飞器两部分组成，巡飞器自身带有冲压发动机，可以依靠自身实现高超声速飞行。飞行时首先由助推火箭将其加速至超声速，然后启动冲压发动机飞行（通常将机身与冲压发动机一体化，进一步提升冲压发动机的推进性能）。美国在这一方面开展了大量的研究，比较经典的是 X-51A 吸气式巡飞器（见图 6）。这是美国空军研究实验室与美国国防部高级研究计划局联合研制的超燃冲压发动机高超声速验证机，设计速度在 6 ～ 6.5 倍声速，其终极目标是发展一种比美国现有武器库中任何一种导弹速度都快 5 倍以上的新武器 [11]。

图 6 X-51A 吸气式巡飞器

临近空间飞行器控制发展前沿

临近空间飞行器的发展离不开核心技术突破，尤其体现在控制技术层面。

何为控制？通常来说，一个飞行器（受控系统）包含导航、制导与控制 3 个模块。导航模块可以确定飞行器各个状态下的参数，如速度、位置等，这个模块由测量、传递、转换以及计算等环节组成；制导模块的主要目标是根据导航模块数据生成制导律及轨迹；控制模块则是按照给定的制导律，生成控制指令，操纵飞行器推力矢量变化来控制其运动，保证飞行器状态稳定和执行制导所要求的机动以及任务。图 7 所示为飞行器控制流程。

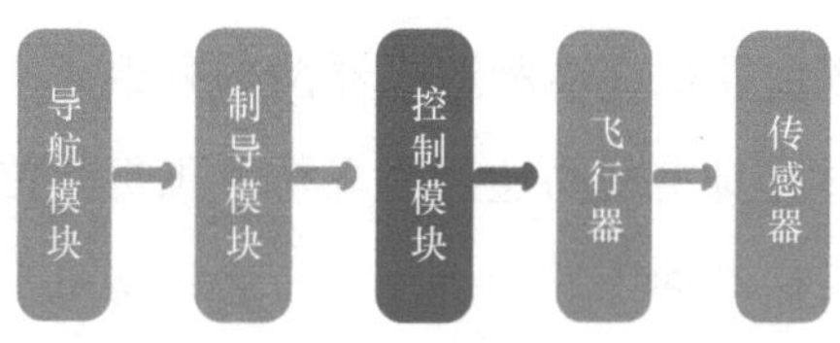

图 7　飞行器控制流程

临近空间飞行器具有大范围变化的飞行速度、复杂的飞行空域及大飞行包线约束等主要特征，具体表现为其动力学特性更加复杂，非线性、不确定性、时变性更强，姿态轨迹相互耦合，控制策略不断变化，飞行包线受到严格限制，这对高可靠、高精度、高自主制导与控制系统提出了更高要求[12]。具体而言，其控制领域面临的问题有以下几个方面[13]。

1. 强非线性时变问题

宽速域、大空域的机动，严重耦合的几何外形使得临近空间飞行器控制模型表现出十分明显的非线性时变特性，传统线性化方法应用的前提条件已不再成立。针对其控制模型的强非线性时变问题，如何确保临近空间飞行器安全有效飞行的同时还可以完成既定任务，是飞行控制需要解决的最主要的问题之一。

2. 姿态轨迹耦合控制问题

通常，在设计传统飞行器控制时，总是分开考虑轨迹运动和姿态运动，而忽略二者之间的相互影响。但临近空间飞行器对迎角等极为敏感，微小的姿态改变也会引起轨迹的明显改变，不能简单地采用传统方法来进行解耦，必须采用特殊方法设计姿态控制系统和轨迹控制系统，随后再进一步设计协调控制系统，在保证姿态稳定的基础上协调飞行姿态和飞行轨迹之间的关系。

3. 不确定性及大气环境扰动问题[14]

现有控制律是在对飞行器进行精确建模后，再根据控制任务进行设计的。而临近空间飞行器具有各种交叉耦合及复杂的气流流动特性，采用传统力学方法无法对其进行精确建模，从而导致模型存在较大误差；由于大气环境影响，临近空间飞行器的机体结构力学特性及气动特性会随飞行发生改变，同时其迎角会被未知大气扰动干扰，造成迎角等关键参数摄动，导致控制律达不到控制要求。当这些改变量超过稳定裕度时就会导致临近空间飞行器系统模型发散，危及飞行安全。

4. 飞行包线保护及分段控制问题[15]

大气环境和速度大范围变化，飞行器高、低空的气动力特性巨大差异，导致临近飞行器动力学特征和模型参数在飞行中变化剧烈，相应的控制模式需采用不同策略。复杂的控制模式加剧了整个飞行包线内模型的非线性差异，进一步导致飞行包线扩大，给姿态控制器的设计增加了难度，很难基于局部模型来设计全包线的姿态控制器。因此需要对临近空间飞行器进行分段建模并加以控制，并同时实现段间的平滑过渡。

针对临近空间飞行器大空域、宽速域、大包线系统涉及的飞行控制瓶颈问题，笔者所在团队（以下简称团队）开展了临近空间飞行器非线性时变、不确定性、强约束等问题的研究，基于非线性控制、鲁棒控制、自适应控制、容错控制及最优控制等方法，建立了临近空间飞行器优化决策控制理论，形成了一套从任务规划到决策控制的全流程解决方案，并结合具体场景和任务进行了应用验证。

在临近空间飞行器建模方法方面，团队研究了包括参数化外形建模、气动力工程预估和面向控制方法的气动数据多元拟合等问题；在飞行器多物理场耦合控制方法方面，研究了刚体 / 弹性体耦合动力学模型建立、最优线性控制器设计和伺服弹性设计等问题。

为了解决临近空间飞行器模型参数不确定甚至未知问题，团队基于强化学习算法探索得到最优控制律，实现了满足各类约束条件下的无模型最优控制，并将该最优控制方案推广到了非线性模型，试验结果验证了算法可行性。

受大气环境扰动影响，临近空间飞行器所受外界扰动进一步增强。为此，团队着力提升临近空间飞行器控制算法的抗干扰能力，以保证飞行稳定性。团队还研究了自适应反馈线性化控制、滑模变结构控制、鲁棒控制等方法在临近空间飞行器控制系统设计中的应用，在增强临近空间飞行器闭环控制系统对于外界扰动鲁棒性的同时，提高了临近空间飞行器闭环系统的控制精度和响应速度，实现了临近空间飞行器大机动精确跟踪飞行；同时进一步研究了多临近空间飞行器分布式集群智能协同控制，使临近空间飞行器集群形成设定的编队及变换形式，可根据打击任务需求，实现临近空间飞行器集群对目标的远程高效协同打击。

为验证算法有效性，团队开展了临近空间飞行器实际系统研发工作，完善了临近空间飞行器优化设计环境以及临近空间飞行器实际系统试验研发环境，并在地面仿真基础上，将之迁移到真实临近空间飞行器上进行验证。

2020 年 5 月 27 日，北航 4 号临近空间飞行器一飞冲天，实现了有控巡航飞行。这是由北航宇航学院师生自主设计研发的新一代临近空间飞行器（见图 8），团队参与了该飞行器的控制分系统设计。北航 4 号临近空间飞行器全长 8.7 m，质量约为 1 300 kg，由固体助推火箭发动机和固液巡航火箭发动机组成。导航 / 制导模块采用 GPS/ 北斗双模光纤惯导系统。此次飞行完成了有动力临近空间飞行的演示验证，同时验证了大空域、宽速域导航制导与飞行控制技术，其平飞高度为 24 km，平飞速度为 3 倍声速，飞行距离近 200 km。

图 8　北航 4 号临近空间飞行器及研发人员

临近空间飞行器的未来

在相关技术瓶颈被逐一攻破，尤其是其控制难题被解决后，临近空间飞行器将迎来井喷式发展，其应用将逐渐向民用市场过渡，并逐渐发展出探空火箭、实验平台、太空旅游及超声速运输等应用场景，展现出极大市场空间。

探空火箭将主要面向高校及科研院所，其在大气环境探测和微重力试验方面具有显著优势。美国的探空火箭 [见图 9(a)] 计划已经平稳进行了 40 年，主要用于大气、地球物理探测等，是其最具成本效益的飞行计划之一。

在部署一项新技术时，需要对其进行真实环境验证。绝大多数国内相关单位仅依赖地面试验及模拟，存在较大误差。在这种现实情况下，依托临近空间飞行器作为实验平台可进行飞行器气动、隔热、导航制导控制等一系列真实飞行评估验证。

在国内，2018 年成立的北京凌空天行科技有限责任公司瞄准我国超声速飞行试验这一空白的市场，致力于向我国航空航天领域相关企单位提供从方案论证、测试、总装集成到飞行验证全流程的定制化解决方案，向客户提供低成本、高响应速度的飞行实验平台 [见图 9(b)]。

(a) 美国探空火箭

(b)“天行”系列火箭

图 9　探空火箭及实验平台实例

亚轨道旅行则是更多有太空旅行梦想的人的首选。临近空间旅游相对于在轨飞行有更低的成本和较舒适的乘坐体验，可俯瞰壮观的地球曲线，市场前景广阔。2021 年 5 月 22 日，美国维珍银河公司的太空船 2 号亚轨道载人飞船 [见图 10(a)] 搭载两名飞行员于新墨西哥州点火起飞，其依靠白骑士 2 号双体飞机运送到一定高度后，双体飞机与飞船分离，随后飞船点燃火箭发动机垂直进入亚轨道太空。此次飞行的最高速度达到了 3 倍声速，最大高度为 89.2 km。维珍银河公司计划将来使用该飞船开展商业载人航天业务，让乘客用最少成本体验进入太空的感觉。

超声速运输方面，历史上曾出现过协和号客机 [见图 10(b)]。第一架协和号客机于 1969 年诞生，并于 1976 年 1 月 21 日投入跨越大西洋的商业航线飞行，共生产了 20 架。1996 年 2 月 7 日，协和号客机从伦敦飞抵纽约仅耗时 2 小时 52 分钟 59 秒，创下了该航线航班飞行的最快纪录。2003 年 10 月 24 日，协和号客机执行最后一次飞行，随即全部退役。此后超声速客机发展处于停滞状态。伴随相关技术的成熟，Boom Technology、波音等公司开始重新研究超声速客机的可行性。其中，波音方案的最高速度可达 5 倍声速，高度为 30 km，搭配变循环发动机。

(a) 太空船 2 号亚轨道载人飞船

(b) 协和号客机

图 10　亚轨道旅行及超声速运输实例

结语

进入 21 世纪以来，世界各国在临近空间开展激烈角逐。如何开发、控制和利用好这一空间事关一个国家国防安全与商业市场前景。在军事方面，临近空间飞行器可用作早期预警、战时通信及攻击的平台，还可用于陆海空无电网协作中继，实现空天一体化；在民用方面，随着相关技术日益成熟，亚太空旅游、超声速客机等将逐渐走进人们视野，这不仅极大提高人们的工作效率，还可以帮助普通人实现太空之行的梦想。

当前，我国在临近空间飞行器控制方面取得了可喜的进步，在科研转化、人才培养方面也建立起相应的平台。着眼未来，这一前沿领域将有越来越多新技术涌现，现有技术瓶颈将会逐一被突破。面对机遇与挑战，我们要始终着眼于世界学术前沿和国家重大需求，致力于解决实际问题，攻克“卡脖子”关键技术，敢为人先、敢于突破，实现临近空间飞行器技术全方位领先，全面达到世界先进水平。

参考文献

[1] BRODERICK S, 蓝楠. 未来十年民航维修业务将日趋集中化[J]. 航空维修与工程, 2015(5): 24-26.

[2] LESLIE M. 互联网卫星激增带来天文学新问题[J]. Engineering, 2020, 6(8): 849-853.

[3] 李奎. 复杂控制系统设计中现代控制理论的应用[J]. 湖北农机化, 2020(4): 76.

[4] 黄伟, 罗世彬, 王振国. 临近空间高超声速飞行器关键技术及展望[J]. 宇航学报, 2010, 31(5): 1259-1265.

[5] 东方. 高超音速飞行器——临近空间飞行领域的霸主[EB/OL]. [2022-3-18].

[6] 刘畅, 许相玺. 临近空间飞行器——改变未来战场规则的新型武器[J]. 军事文摘, 2020(17): 46-49.

[7] FALEMPIN F, SERRE L. French contribution to hypersonic airbreathing propulsion technology development[C]// AIAA/ASME/SAE/ASEE Joint Propulsion Conference & Exhibit. Reston. VA: AIAA, 2006. DOI: 10.2514/6.2006-5190.

[8] LAU K, WOO Y, TRAN J, et al. The aerothermal, thermal and structural design process and criteria for the HiFIRE-4 flight test vehicle[C]// AIAA/3AF International Space Planes and Hypersonic Systems and Technologies Conference. VA: AIAA, 2012. DOI: 10.2514/6.2012-5842.

[9] 王宇虹. 俄罗斯先锋战略导弹系统将首次投入战斗值班[J].导弹与航天运载技术, 2019(6): 126.

[10] 田剑威. "东风"快递, 使命必达——"东风"17展现中国火箭军"低调华丽"[J].坦克装甲车辆, 2019(23): 27-29.

[11] 王鹏飞, 王洁, 时建明, 等. 吸气式高超声速飞行器控制研究综述[J]. 战术导弹技术, 2019(3): 12-18.

[12] 穆凌霞, 王新民, 谢蓉, 等. 高超音速飞行器及其制导控制技术综述[J]. 哈尔滨工业大学学报, 2019, 51(3): 1-14.

[13] 谷元备. 大空/速域飞行器自抗扰及H_∞鲁棒控制研究[D]. 哈尔滨: 哈尔滨工业大学, 2015.

[14] 赵宏宇, 黄得刚, 章卫国. 临近空间高动态飞行器控制技术研究综述[J]. 飞航导弹, 2018(3): 24-32.

[15] 王文博, 范国超, 许承东. 临近空间高超声速飞行器制导与控制技术研究综述[J]. 战术导弹技术, 2015(6): 32-36, 47.

刘昊，北京航空航天大学空天飞行器技术研究所副教授、博士生导师。研究方向为高动态无人飞行器鲁棒最优大机动飞行控制。主要的学术贡献包括：提出了基于信号补偿的鲁棒最优控制器设计和分析方法；提出了鲁棒分布式编队分层架构和控制方法；成果应用于固液火箭动力飞行器和旋翼式无人机中，大空域宽速域飞行试验取得了圆满成功。发表 SCI 论文 70 余篇；多篇论文长期保持为 ESI 高被引。以第一完成人获北京市自然科学奖二等奖，入选北京市科技新星计划。联合指导的北航 4 号临近空间飞行器，获七届中国国际“互联网 +”大学生创新创业大赛全国总决赛高教主赛道金奖。

不只是混合那么简单
——固液混合火箭发动机

北京航空航天大学宇航学院

朱　浩　肖明阳　徐维乐

随着航天技术的不断进步和发展，其衍生产品——手机导航、记忆海绵、防划玻璃……正在逐步走进人们的日常生活。火箭，作为目前最有效的近地运载工具，能够将航天器和航天员送入太空，开展一系列科学试验与空间探测。火箭发动机作为火箭的主要动力系统，为火箭提供足够的动力，使其脱离地球引力，飞向浩瀚宇宙。本文将从固液混合火箭发动机的原理、特点、应用和发展 4 个方面进行介绍，看一看这个“混合”体是如何走进人们的视线，未来又具有哪些应用潜力。

什么是固液混合火箭发动机

在新闻报道的画面中，我们对火箭尾部喷射出巨大火焰、庞大箭体腾空而起的景象并不陌生。要想让火箭顺利克服重力，提高自身飞行速度，把航天员或卫星送入太空，需要一定的动力装置为其提供推力。火箭发动机正是一种可以产生推力作用的动力装置，它自带产生推力所需的全部物质，可以不依靠外界的能源和物质而独立工作，因此能够在大气层外的宇宙空间飞行，成为人类进入太空和进行宇宙航行的主要动力装置。

依据所用能源的不同，火箭发动机分为化学火箭发动机和非化学火箭发动机。其中，化学火箭发动机目前应用最广泛。化学火箭发动机的工作原理：氧化剂和燃料在火箭发动机内部燃烧发生化学反应，燃烧产生的气体经由火箭发动机喷管喷出产生推力作用。

根据氧化剂和燃料物态的不同，化学火箭发动机又可分为液体火箭发动机、固体火箭发动机和固液混合火箭发动机 3 种类型（见图 1）。其中，液体火箭发动机使用液态的氧化剂和燃料，分别存放在各自的贮箱中，工作时由专门的输送系统输入燃烧室。固体火箭发动机将氧化剂和燃料预先均匀混合，制作成一定形状和尺寸的固体药柱，直接放置于燃烧室中，工作时通过点火器点燃药柱产生化学反应。

而本文中的“主角”——固液混合火箭发动机，则采用物态不同的氧化剂和燃料。大多数情况下，氧化剂为液态，如液氧、过氧化氢、一氧化二氮等物质；燃料为固态，如端羟基聚丁二烯、聚乙烯、石蜡等[1]。固液混合火箭发动机工作时通过输送系统将液体氧化剂供应到装有固体燃料药柱的燃烧室中。

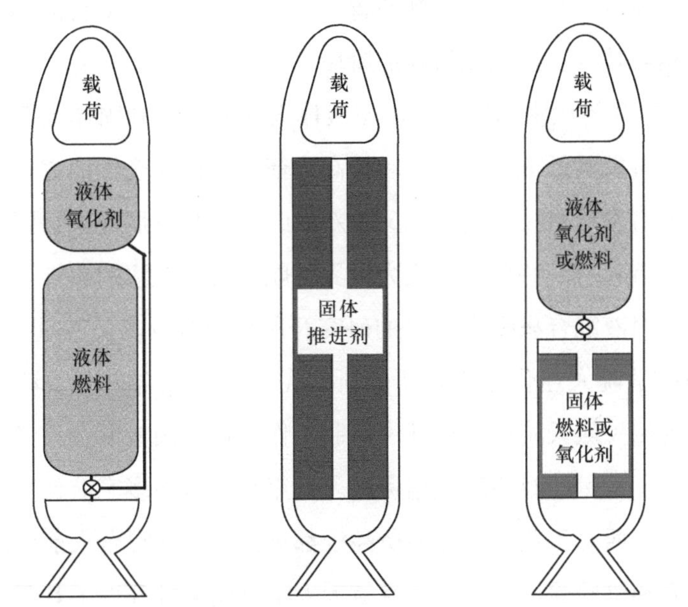

图 1　化学火箭发动机结构

作为火箭发动机家族的重要一员，固液混合火箭发动机的发展历史并不短暂，至今共经历了初始研制、全面开展、短暂停滞和蓬勃发展 4 个阶段。

早在 20 世纪 30 年代，苏联、德国和美国就开始进行固液混合火箭发动机的研究工作，当时采用的氧化剂主要有一氧化二氮、过氧化氢和液氧等，燃料主要有石墨、木头和橡胶等。在初始研制时期，固液混合火箭发动机的燃烧效率还很低。

20 世纪 50 年代之后，固液混合火箭发动机的研究进入全面开展时期，在世界范围内引起研究高潮，各国科学家针对固液混合燃烧机理及燃烧效率等关键技术进行了广泛、深入研究。各类推进剂组合的固液混合火箭发动机得到充分发展，被应用于探空火箭、运载火箭、巡航靶弹等多种火箭动力飞行器中。

20 世纪 80 年代初期到 20 世纪 80 年代中期，由于固体火箭发动机技术和液体火箭发动机技术的不断完善，固液混合火箭发动机的相关研究在这一时期相对减少，进入短暂停滞阶段。

20 世纪 80 年代中期以后，由于液体火箭发动机和固体火箭发动机存在不足，同时发展低成本运载器和提高火箭发动机安全性的需求很大，对固液混合火箭发动机技术的研究又重新活跃并蓬勃发展起来，固液混合火箭发动机凭借其自身特色重新成为世界各航天大国关注的焦点。

国内对固液混合火箭发动机的研究开展得相对较晚。20 世纪 50 年代末，中国科学院大连化学物理研究所首先对固液混合火箭发动机进行研究，后转到相关航天院所继续开展研制工作，这为固液混合火箭发动机设计方面积累了大量的经验和数据资料。近年来，国内多家航天院所以及国防科技大学、西北工业大学等多所高校都进行了固液混合火箭发动机的相关理论研究和试验验证。北京航空航天大学宇航学院开展了基于一氧化二氮、过氧化氢等不同液体氧化剂的固液混合火箭发动机机理研究和工程应用，形成了一套较为完善的固液混合火箭发动机及固液火箭动力飞行器设计方法。

总之，经过近 90 年的发展，固液混合火箭发动机作为一种独特的动力装置，已展现出广泛的应用前景和巨大的发展潜力，必将在未来人类逐梦空天的进程中绽放更绚烂的光芒。

固液混合火箭发动机具有哪些特点

前面提到，固液混合火箭发动机从结构上貌似是固体火箭发动机与液体火箭发动机“各取一半”的拼接产物，但这样独特的结构形式，也使它具备了一些不同于固体火箭发动机和液体火箭发动机的特点。

在阐述固液混合火箭发动机特点之前，我们需要了解固液混合火箭发动机的基本工作过程。固液混合火箭发动机的工作过程包括 4 个典型过程（见图 2）。图 2(a) 所示为固液混合火箭发动机初始状态（即还未进行工作的状态）。当我们需要固液混合火箭发动机工作时，增压气体通过气路管路为液体氧化剂加压 [见图 2(b)]，液体氧化剂经过液路管路进入燃烧室和固体燃料混合，通过点火器点火 [见图 2(c)] 或催化床催化分解的方式进入燃烧过程。最后，停止液体氧化剂供给或当燃料 / 氧化剂消耗殆尽时 [图 2(d) 所示为燃料即将燃尽] 工作结束，即可完成发动机的关机。

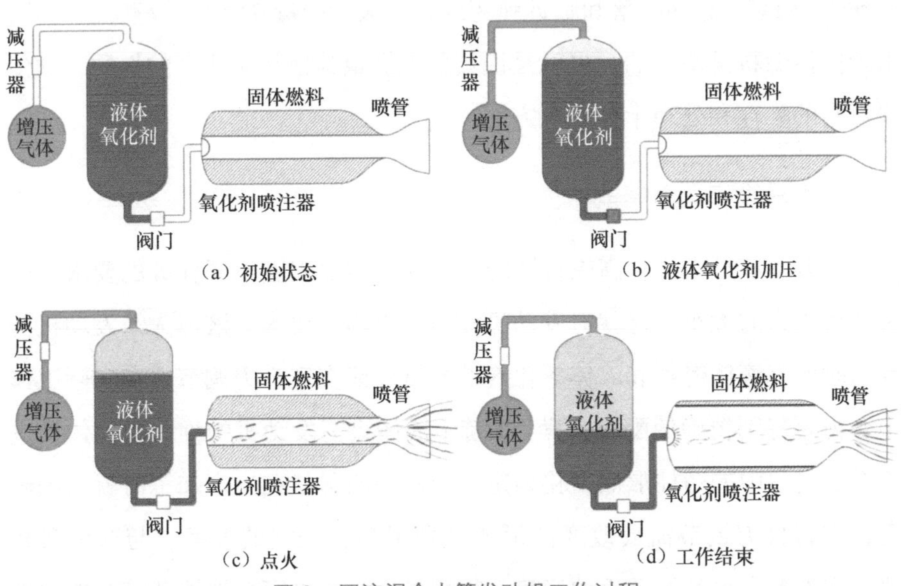

图 2　固液混合火箭发动机工作过程

由于固液混合火箭发动机的燃料和氧化剂分别采用不同状态的物质，所以它的燃烧过程与单纯的固体火箭发动机或液体火箭发动机又不完全相同。实际上，相对于固体火箭发动机和液体火箭发动机而言，固液混合火箭发动机的燃烧原理更接近大自然中普遍存在的燃烧形式，如蜡烛的燃烧、煤炭的燃烧等。其燃烧过程呈现为肉眼可见的扩散火焰，燃料和氧化剂依靠分子扩散和整体的对流运动相遇，在火焰中，氧化剂和燃料的质量比沿药柱通道的长度方向不断降低，这就导致沿药柱通道不同位置的燃烧状态也不同。上述燃烧特性使固液混合火箭发动机具有以下特点。

1. 安全性好

固液混合火箭发动机的液体氧化剂和燃料分别贮存，在运输和贮存期间，只要液体氧化剂与固体燃料的混合处于有效控制下，即使有外部损伤，固液混合火箭发动机也不会发生燃烧，比固体火箭发动机和液体火箭发动机更安全[2]。因此，固液混合火箭发动机不会像固体火箭发动机或液体火箭发动机那样容易发生爆炸，使用固液混合火箭发动机的火箭可以承受子弹撞击、爆燃、意外坠落和临近弹药或其他火箭的爆炸带来的危害。另外，由于固体燃料是惰性的，也就是说具备不易跟其他物质化合的性质，这使得对它的贮存和处理十分安全方便[3]。

2. 容易进行推力调节

推力调节是指为提高飞行器的机动性，需要根据不同任务的要求改变发动机推力的大小，这就对发动机提出了更高的要求。液体火箭发动机需要同时调节液体燃料和液体氧化剂的流量才能实现推力调节，在实际工作中，需要特别精确的配合，操作复杂；固体火箭发动机的推力由固体推进剂燃烧过程中的药柱形面变化确定，而药柱的形状在生产加工时就已经确定，进行推力调节需要改变药形或者采用多燃烧室的方案。与这两者相比，固液混合火箭发动机的优势就很明显了。通过简单地调节液体氧化剂流量，固体燃料表面汽化产生的燃料流量会通过燃速的改变而自适应地调整，这样就可以实现大范围连续推力调节，这种特性对未来导弹武器和运载火箭的智能飞行十分有用。

3. 容易关机和进行重新启动

与推力调节类似，固液混合火箭发动机利用控制液体氧化剂供给，可以实现多次启动和关机。与之不同的是，固体火箭发动机则没办法智能关机和重新启动，它一经点燃就一烧到底；液体火箭发动机要想关机和进行重新启动，需要控制液体氧化剂和液体燃料两路管路的供给，系统更加复杂，安全性、可靠性也相对较低。

4. 推进剂能量较高

在固液混合火箭发动机的固体燃料中添加大量其他物质（如高能金属粒子）可提高推进剂能量，这比固体火箭发动机的推进剂能量要高，即固液混合火箭发动机推进剂比冲（单位推进剂的量所产生的冲量）高。同时，固液混合火箭发动机存在固体药柱，推进剂的密度相对较高，密度比冲（推进剂密度与比冲的乘积）比许多普通的液体双组元推进剂还要高[4]。

5. 环保性好

用作固液混合火箭发动机推进剂组合的物质种类很多，范围很广，目前国内外常用的液体氧化剂主要有液氧、过氧化氢等，常用的固体燃料主要为聚乙烯、羟基聚丁二烯等，相比传统液体火箭发动机的推进剂更环保。

6. 稳定性好

固液混合火箭发动机的燃烧只发生在药柱通道中固体燃料与液体氧化剂相遇的位置。因此，与固体火箭发动机不同，固液混合火箭发动机的固体药柱如果出现裂纹，并不会发生灾难性的事故，稳定性更好。

7. 温度敏感性低

由于温度对固液混合火箭发动机燃烧速率的影响较小，因此外界环境温度变化对固液混合火箭发动机工作压力的影响很小，这样就不需要为燃烧室设计过大的裕量，以解决不同环境温度下最大工作压力发生变化的问题。

8. 经济性好

安全性的提高减少了大量的故障模式，使得固液混合火箭发动机造价较低，有利于其进入商业使用。同时由于固体燃料安全性高，因此其贮存及运输都比较简单，这也在一定程度上降低了成本。

固液混合火箭发动机的广泛应用

固液混合火箭发动机具有上述特点以及诸多应用优势，自然也受到了国内外的广泛关注。目前，固液混合火箭发动机已在探空火箭、巡航靶弹和亚轨道载人飞船等飞行器上得到了成功应用，其中最为著名、影响最大的莫过于太空船 1 号亚轨道载人飞船与太空船 2 号亚轨道载人飞船。

太空船 1 号亚轨道载人飞船（见图 3）是美国维珍银河公司研制并发射成功的有翼飞行器 [5]。它经由白骑士 1 号飞机搭载，飞行速度可达 2 500 m/s，载重可超过 1 200 kg。其发动机采用内华达山脉公司的固液混合火箭发动机，推进剂组合为羟基聚丁二烯和一氧化二氮，推力可达 73.5 kN。

图 3　太空船 1 号亚轨道载人飞船

太空船 2 号亚轨道载人飞船（见图 4）依旧采用固液混合火箭发动机，由白骑士 2 号飞机搭载，一次飞行可为乘客提供长达 4.5 min 的失重体验 [6]。在研制过程中，太空船 2 号亚轨道载人飞船也遇到诸多困难。2014 年，太空船 2 号亚轨道载人飞船在飞行试验中发生爆炸，试验失败。太空船 2 号亚轨道载人飞船于 2019 年再次进入太空，首次搭载了 1 名除飞行员外的乘客。太空船 2 号亚轨道载人飞船于 2021 年 7 月再次创造历史，搭载维珍集团创始人布兰森和 5 名机组人员升空，完成飞行任务后成功着陆。

图 4　太空船 2 号亚轨道载人飞船

在实际飞行中，探空火箭使用固液混合火箭发动机执行飞行任务的次数最多。早在 1933 年，苏联的科罗廖夫和吉洪拉沃夫就设计并发射了 GIRD-9 探空火箭，其动力系统是采用液氧和凝胶汽油作为推进剂组合的固液混合火箭发动机，推力为 500 N，解决了固液混合火箭发动机从理论跨入工程实践的第一步 [1]。美国国家航空航天局和洛克希德·马丁等公司联合开展了固液探空火箭项目，以单级大推力重型固液混合动力探空火箭来替代原先的多级探空火箭，其动力系统是采用液态氧和羟基聚丁二烯的推进剂组合的固液混合火箭发动机。日本北海道大学开展了基于液态氧和聚乙烯的推进剂组合的 CAMUI 固液混合火箭发动机及基于该发动机的探空火箭研制。国内北京航空航天大学、西北工业大学的学生团队也成功研制并发射了采用固液混合火箭发动机的探空火箭。

近年来，固液混合火箭发动机在运载火箭领域发展迅速，包括德国、澳大利亚、挪威等在内的多个国家均将固液混合火箭发动机用作小型运载火箭的动力系统。德国的 HyImpulse 公司研制了 THYPLOX 系列固液混合发动机 [7]，并将其用作正在开发中的 SL1 三级运载火箭的发动机。SL1 三级运载火箭各级均采用固液混合火箭发动机，以液氧和石蜡作为推进剂组合，可以将 500 kg 的卫星运送到专用轨道。澳大利亚的吉尔摩航天公司则研制了三级小型运载火箭“阋神星”号，其各级发动机均为固液混合火箭发动机，该火箭目前已经完成了上面级发动机 110 s 长程热试车和一/二级固液混合火箭发动机 90 kN 地面热试车 [8]。挪威拿默公司也开展了 87.5% 过氧化氢和羟基聚丁二烯推进剂组合的固液混合火箭发动机研制，目前已经完成推力为 30 kN、工作时间为 40 s 的发动机地面试验，期望用于 Nucleus 探空火箭，并计划以此为基础发展推力为 200 kN 的固液混合火箭发动机用于可实现重复启动功能的小型运载火箭 [9]。

固液混合火箭发动机在深空探测领域的应用研究也开展得如火如荼 [10]。在月球探测方面，意大利米兰理工大学的 Toson 等 [11] 设计了一种用于登月任务的单级固液混合推进系统，可使飞行器从 600 km 近地轨道经过霍曼轨道转移至月球轨道，最终硬着陆于月球。北京航空航天大学开展了固液混合火箭发动机代替“阿波罗”登月舱下降级和上升级液体火箭发动机方案的优化设计，可实现推力调节和多次启停的功能并且在体积和质量特性上更优，验证了固液混合火箭发动机在载人登月任务中的优势 [12]。在火星探测方面，美国斯坦福大学的 Boiron 等 [13] 提出了一种两级固液混合推进系统的设计，选择石蜡基燃料，以二氧化氮与氧气的混合物作为氧化剂，并添加 40% 铝以提高燃烧速度。设计结果对比显示，采用固液混合火箭发动机的探测器具有更高的比冲性能和更小的起飞质量，且易进行推力调节以及多次启停。对于太阳系其他行星的探测，斯坦福大学的 Jens 等 [14] 提出了针对木卫二、天王星探测任务的固液混合动力探测器设计方案，结果显示固液混合推进系统可用于更远范围的深空探测任务。

固液混合火箭发动机的未来发展

固液混合火箭发动机在各类飞行器上的一系列成功应用，使其在学术研究和商业应用领域受到了越来越多的关注。展望未来，基于固液混合火箭发动机的独特优势，它将在以下几个方面具有广阔的发展前景。

1. 作为高校的教学、科研工具

固液混合火箭发动机安全性、可靠性高，兼具液体火箭发动机和固体火箭发动机的特色。将固液混合火箭发动机作为航天类专业学生开展火箭发动机基础理论学习、发动机方案设计及研制、发动机试验的研究对象，对提高学生的工程实践能力、集成创新能力、专业综合能力和团队协作精神有较大帮助。同时，以固液混合火箭发动机作为动力系统，可研制新型探空火箭，搭载各类载荷完成一定的空间科学探测任务，服务多种学科的教学、科研需求。

自 2005 年起，美国普渡大学就瞄准研制低成本小型运载火箭的目标，开展了固液混合火箭发动机技术的研究与试验，并于 2009 年和 2010 年成功发射了验证性探空火箭[15]。我国台湾阳明交通大学前瞻火箭研究中心也联合多个大学研发了 HTTP-3A 型固液混合动力探空火箭，旨在应用固液混合推进技术和模块化发动机设计理念，将有效载荷送入预定轨道，并开展空间科学试验（如立方星量子通信等）[16]。

北京航空航天大学从 2008 年至 2012 年间，先后开展了北航 2 号和北航 3 号固液混合动力探空火箭 [见图 5(a)、(b)] 的研制并成功发射。北航 2 号探空火箭的主要任务是验证固液混合火箭发动机的飞行性能，同时将测量仪器发射到高空测量大气参数并进行有效载荷的回收，其发动机采用一氧化二氮和羟基聚丁二烯作为推进剂组合，从设计、制造、装配到运输等全部由学生完成。北航 3 号探空火箭采用过氧化氢和羟基聚丁二烯的推进剂组合，拥有 12 kN 和 5 kN 两级推力，总工作时间约 45 s，它成功验证了变推力、长时间工作的过氧化氢固液混合火箭发动机技术[17]。2020 年成功发射的北航 4 号探空火箭 [见图 5(c)] 则把目标放在了高度更高、难度更大的临近空间飞行。它由固体火箭发动机和固液巡航火箭发动机组成。其中，固体火箭发动机首先工作，将飞行器送至一定高度、速度；随后固液巡航火箭发动机工作，它采用 98% 过氧化氢和羟基聚丁二烯的推进剂组合，最大推力约 3 kN，推力调节能力 3 : 1，工作时间大于 200 s。可实现高空高速有控巡航飞行，平飞高度 24 km，平飞速度达 3 倍声速，飞行距离近 200 km。

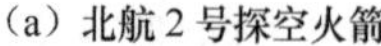

(a) 北航 2 号探空火箭

(b) 北航 3 号探空火箭

(c) 北航 4 号探空火箭

图 5　北航研制的固液混合动力探空火箭

北航 4 号探空火箭的飞行试验，成功验证了长时间变推力固液混合火箭发动机技术，可在临近空间大气参数测量、对地观测和空中数据快速传输等方面发挥作用。

2. 发展成本低、响应快的固液混合动力小型运载火箭

固液混合火箭发动机推进剂的安全性、环保性好，操作、维护方便，在降低进入空间的经济成本和时间成本方面具有显著优势。

当前，国内外对发射近地轨道小卫星、微卫星的需求不断增加[18]，商业航天产业发展如火如荼，以美国太空探索技术公司（SpaceX）为代

表的国外商业航天企业已经掌握了较为完善的运载火箭设计、制造与发射技术，形成了自身的商业运营模式[19]。国内多家商业航天企业也正在研制各类运载火箭和新型火箭发动机，其中个别企业已成功实现轨道级发射，但技术成熟度还较为欠缺。基于固液混合火箭发动机的自身特点，其具有成本低、响应快的潜在优势，据初步估算，固液混合火箭发动机可将每千克载荷的发射成本从 2 万美元降至 1.5 万美元，发射周期从 2 个月缩短至 1 个月以内，在商业航天运载火箭的研制方面有望“另辟蹊径”。

同时，以太空船 1 号亚轨道载人飞船和太空船 2 号亚轨道载人飞船为代表的商业载人太空飞行，也催生了固液混合动力载人飞船的研发热潮。应用固液混合火箭发动机推力可智能调节的优势，可实现“匀加速”，降低飞行过程中的振动和瞬时大过载，提高乘客的飞行体验，让更多有太空梦想的人实现自己的“太空梦”。

3. 探索智能变推的新型航天器

在信息化、智能化日益发展的今天，航天器的智能化发展成为大势所趋。随着智能控制技术的不断完善，将智能控制应用于固液混合火箭发动机的内部调节控制过程中，能够进一步提升固液混合火箭发动机的推力调节和能量管理性能，增强应对复杂飞行条件和任务需求的能力。

例如，对于导弹而言，利用固液混合火箭发动机智能可控、推力可调、按需启停的特点，可为导弹装上收放自如的“油门”。有研究表明，在其他条件相同的情况下，采用固液混合火箭发动机替代原有固体火箭发动机的空空导弹的最大射程可被显著提高，并在攻击时爆发较高速度[20]。相关应用可为智能武器的发展和国防建设贡献力量。

再如，采用人工智能实现探测器在复杂任务环境下的智能规划和自主决策控制，已成为深空探测领域的关键问题[21]。智能的“大脑”也需要智能的“双手”来完成相应的功能，固液混合火箭发动机十分适合在智能探测器中承担智能执行机构的作用。研究表明：在月球探测、火星探测及太阳系内其他行星探测任务中，相较于传统火箭发动机，采用固液混合火箭发动机能大幅降低火箭起飞质量；利用固液火箭发动机多次启停、推力调节等性能，以及与基于人工智能的控制方案相结合，可实现探测器精确着陆和采样返回等包含复杂飞行程序的任务[10]。

利用探测目标自身资源获取发动机能量是未来人类进行深空探测的必然选择。有研究人员指出，固液混合火箭发动机需要的推进剂较为简单、易于获取，甚至可从月球表层土壤中提取原材料[22]。也许在不久的将来，我国的月球科研站建成之后，我们真的能够去制造一枚“月球上”的固液混合火箭发动机，开启人类探索浩瀚太空的新篇章。

结语

经过一代又一代航天工作者的不断发展完善，固液混合火箭发动机这一原先十分“冷门”的发动机，逐渐走进了人们的视野。我们相信，随着科学技术的不断进步、智能控制的不断完善，固液混合火箭发动机在不久的将来能够更充分地发挥它的特色优势，成为现有固体火箭发动机、液体火箭发动机的重要补充，满足日益增长的航天需求，并实现更多人的太空梦想。

当前，国际上对固液混合火箭发动机的应用探索方兴未艾，我们也在逐步加大固液混合火箭发动机理论探究与工程实践的力度。理论探究与工程实践“双管齐下”一定能够使人们更好挖掘固液混合火箭发动机的应用潜力，有力服务于中国航天事业，为探索星辰大海贡献更多力量。

参考文献

[1] 侯德飞, 王鹏飞, 孙勇强, 等. 固液混合火箭发动机研究进展[J]. 宇航总体技术, 2019, 3(5): 50-60.

[2] 廖少英. 固液火箭发动机性能特征[J]. 上海航天, 2004(5): 8-14.

[3] KUO K K, CHIAVERINI M J. Fundamentals of hybrid rocket combustion and propulsion[M]. Reston, VA: American Institute of Aeronautics and Astronautics, 2007.

[4] G.P.萨顿, O.比布拉兹. 火箭发动机基础[M]. 北京: 科学出版社, 2003.

[5] 高铁军. 美私人太空船“冲出大气层”并安全返航[EB/OL]. [2004-06-22].

[6] VIRGIN GALACTIC. Virgin Galactic's spaceshiptwo completes second flight from Spaceport America[EB/OL]. [2020-06-25].

[7] HYIMPULSE TECHNOLOGIES. Meet small launcher SL1[EB/OL]. [2022-05-15].

[8] GILMORE SPACE. ERIS BLOCK 1 (2022) [EB/OL]. [2022-05-15].

[9] NAMMO AS. 30kN hybrid engine [EB/OL]. [2022-05-15].

[10] 李志, 朱浩, 刘洋, 等. 固液混合推进技术在深空探测中的应用[J]. 国际太空, 2021(6): 37-43.

[11] TOSON E, KARABEYOGLU A M. Design and optimization of hybrid propulsion systems for in-space application[C]// 51st AIAA/SAE/ASEE Joint Propulsion Conference. Reston, VA: AIAA, 2015. DOI: 10.2514/6.2015-3937.

[12] 朱浩, 田辉, 蔡国飙. 固液推进技术在载人登月中的应用[J], 北京航空航天大学学报, 2012, 38(4): 487-490, 496.

[13] BOIRON A J, CANTWELL B. Hybrid rocket propulsion and in-situ propellant production for future mars missions[C]// 49th AIAA/ASME/SAE/ASEE Joint Propulsion Conference. Reston, VA: AIAA, 2013. DOI: 10.2514/6.2013-3899.

[14] JENS E T, CANTWELL B J, HUBBARD G S. Hybrid rocket

propulsion systems for outer planet exploration missions[J]. Acta Astronautica, 2016(128): 119-130.

[15] TSOHAS J, APPEL B, RETTENMAIER A, et al. Development and launch of the Purdue hybrid rocket technology demonstrator[C]// 45th AIAA/ASME/SAE/ASEE Joint Propulsion Conference & Exhibit. Reston, VA: AIAA, 2009. DOI: 10.2514/6.2009-4842.

[16] ADVANCED ROCKET RESEARCH CENTER(ARRC). Project of HTTP-3A[EB/OL]. [2022-05-15].

[17] ZENG P, LI X T, LI J H. Development of the variable thrust hybrid sounding rocket: Beihang-3[C]// 63rd International Astronautical Congress, 2013.

[18] SCHMIERER C, KOBALD M, TOMILIN K, et al. Low Cost Small-Satellite Access to Space Using Hybrid Rocket Propulsion[J]. Acta Astronautica, 2019(159): 578-583.

[19] PELTON J, MADRY S. Handbook of small satellites: technology, design, manufacture, applications, economics and regulation[M]. Berlin: Springer International Publishing, 2020.

[20] 杜子琰, 朱浩, 于瑞鹏, 等. 固液混合火箭发动机在远程空空导弹中的应用[J].上海航天, 2019, 36(6): 49-54.

[21] 于登云, 张哲, 泮斌峰, 等. 深空探测人工智能技术研究与展望[J]. 深空探测学报, 2020, 7(1): 11-23.

[22] STOLL E, HARKE P, LINKE S, et al. The regolith rocket-A hybrid rocket using lunar resources[J]. Acta Astronautica, 2021(179): 509-518.

朱浩，副研究员、博士生导师，北京高校创先争优优秀共产党员，入选北京航空航天大学“青年拔尖人才计划”，宇航学院空天飞行器技术研究所副所长。近年来，围绕先进火箭推进和新型导弹武器发展需求，在先进固液混合推进技术、火箭动力飞行器系统建模与不确定性设计优化等理论研究和固液动力飞行器型号研制方面开展了卓有成效的工作。曾担任北航1号固体动力探空火箭学生负责人，北航2号和北航3号固液动力探空火箭的主要完成人，北航4号临近空间火箭动力飞行器的主要指导教师，空军某重点型号靶标的副总设计师。近年来主持和参与国家自然科学基金、军委科技委重点项目、国家重点基础研究发展计划项目、院所课题等科研项目20多项。发表论文40余篇，授权国家发明专利23项，获得软件著作权2项。获军队科学技术进步奖二等奖1项、第三届航空航天“月桂奖”之“闪耀新星奖”等荣誉。

肖明阳，北京航空航天大学宇航学院博士研究生。主要研究方向为固液动力飞行器多学科一体化设计、飞行器不确定性设计优化等。

徐维乐，北京航空航天大学宇航学院博士研究生。主要研究方向为火箭动力飞行器多学科设计优化等。

开启星际远航新征程
——电推进

北京航空航天大学宇航学院

高园园　王伟宗

自 1957 年人类发射第一颗人造地球卫星以来，经过几代航天人的努力，人类的航天事业取得了重大突破，极大地促进了生产力发展和社会进步。今天，航天事业趋向于向着更远的太空迈进，远地轨道卫星、深空探测计划逐渐兴盛。在深空探测过程中，由于探测距离被极大地延长，这对航天器能量供应、动力保障提出了更高的要求，即需要更高比冲、更长工作时间、更少推进剂质量的推进系统。显然，传统化学推进比冲低、携带燃料多的缺点使之难以满足未来深空探测任务的实际需求，因此，探索新的推进技术势在必行。

在这种航天形势下，电推进应运而生。利用电能来获取工质动能的所有推进方式均称为电推进。1946—1957 年，美国、苏联等多名科研工作者提出了多种类型的电推力器方案，并从理论上验证了电推进的可行性[1-2]。在这些理论基础上，电推力器的工程研究从 20 世纪 50 年代末兴起。20 世纪 90 年代以来，电推进进入发展应用的黄金时期，从 1997 年 1 月到 2015 年 12 月间共发射 162 颗电推进卫星。电推进被国际航天界列为未来十大尖端技术之一。下面将从电推进发展的动力开始，重点介绍电推进的概念、发展历史及应用情况，谈一谈电推进如何成为支撑星际远航的关键动力保障。

电推进发展的动力

对于传统的化学火箭，由于自身燃烧反应能量和热传导的限制，出口喷气速度只能达到几千米每秒，而电推进系统的出口喷气速度普遍在 10 000 m/s 以上。更高的比冲（或排气速度）一直是电推进的优势。

航天器采用电推进系统能够极大地提升卫星的有效载荷比（见图 1），降低卫星发射成本，延长卫星在轨工作寿命。双组元化学推进系统的比冲一般在 300 s 左右，而波音公司 BSS-702SP 全电推进卫星上的 XIPS-25 电推进系统的比冲可达 3 800 s 以上。在相同的速度增量情况下，较大的喷气速度意味着较小的发射质量与干质量的比值。对于携带相同载荷的卫星来说，其发射质量会大幅减少。以 BSS-702SP 全电推进卫星为例，该星的星体结构和设备的总质量为 2 350 kg。如果用肼为燃料，采用传统化学推进，则该卫星需要携带 1 650 kg 的推进剂燃料，那么该星的发射质量达到 4 000 kg。而采用全电推进的方式，其推进剂 Xe 质量只有 150 kg，那么该星的发射质量只有 2 000 kg，仅发射费用就可以节省近 6 000 万美元[3-4]。

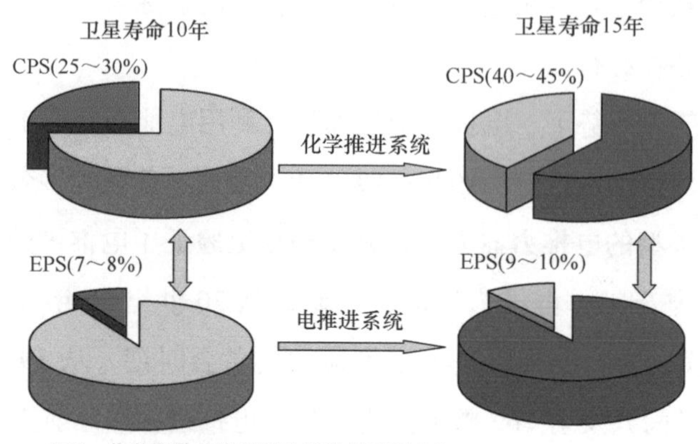

图 1　化学推进系统与电推进系统对卫星有效载荷比的影响

电推进的概念

电推进是指利用电能加热、电离或加速推进剂，促使推进剂高速喷出产生推力的推进技术。电推进装置（电推力器）与非电推进装置的主要区别就在于其电源与产生推力的机构分离，即其能源系统与推进剂供给系统相互独立。典型电推进系统的结构如图 2 所示[2]。

根据能量转换方式的不同，电推力器可分为电热推力器、静电推力器和电磁推力器 3 种。其中，电热推力器是利用电能加热推进剂，使其汽化分解，经喷管膨胀，加速喷出的一种推进装置。依据加热方式的不同，电热推力器又可分为电阻加热推力器、电弧加热推力器两种。静电推力器的原理是利用电能使汞、铯、氙等易于电离的推进剂电离，通过在羽流区加载多个栅极的方式形成强电场，促使离子加速喷出产生推力。静电推力器通常又称为“离子推力器”。电磁推力器的原理是利用电磁场的综合作用使推进剂电离，在空间内形成等离子体，其中非磁化的离子在磁化电子与磁场耦合形成的自洽电场中加速喷出产生推力。电磁推力器通常又称为“等离子体推力器”，按照工作状态的不同，主要分为稳态等离子体推力器（又称为霍尔推力器）和脉冲等离子体推力器（属于电热推力器）两种[2]。图 3 所示为几种典型的电推力器。

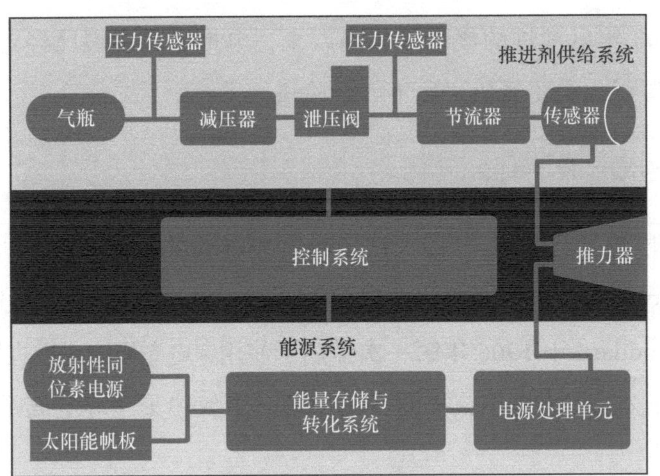

图 2　典型电推进系统的结构

不仅如此，目前还出现了包括多级会切磁场推力器、微阴极电弧推力器、磁等离子体推力器等新概念推进系统[2,5]。新概念电推力器种类繁多，主要的研究目标是解决远距离探测和宇宙航行的动力问题[1-3]。

（a）稳态等离子体推力器　（b）圆柱霍尔推力器

（c）射频离子推力器　（d）直流离子推力器

图 3　几种典型的电推力器

电推进的发展历史

自 1903 年电推进的概念被提出以来，电推进的发展已经走过了一个多世纪的历程，主要经历了以下 5 个阶段。

1. 幻想家时代（1906—1945）

这一时期的代表人物有 Tsiolkovsky 和 Goddard(见图 4)。1903 年，Tsiolkovsky 给出了火箭方程，并于 1911 年在出版物中提到电推进的想法。同时期，Goddard 于 1906 年第一次描述了使用“电”作为“推进”的概念，不仅如此，在其 1920 年获批的专利中第一个叙述了“静电离子加速器用于推进”[1,6-7]。

2. 先锋者时代（1946—1956）

这一时期的代表人物有英国物理学家 Shepherd 和 Cleaver、美国天体物理学家 Spitzer 和德国科学家 Stuhlinger。其中，Shepherd 和 Cleaver 第一次对静电推进用于星际任务的可行性进行了定量分析，确定了离子推进的可行性。美国天体物理学家 Spitzer 进一步发展了上述思想，在其 1952 年发表的文章中认为离子推进可以非常完美，并首次应用空间电荷限制电流定律计算了离子火箭的设计参数，强调了束流中和的必要性。在此基础上，德国科学家 Stuhlinger 对前人电推进的思想进行了总结和分析，其著作 *Ion Propulsion for Space Flight* 被后来的电推进工作者视为经典 [7]。

（a）Tsiolkovsky

（b）Goddard

图 4　电推进概念提出者

在电推进发展的前 50 年中，科研工作者的研究多集中于电推进系统的可行性分析上，缺乏工程实践；同时他们更关心将电推进应用于人类的星际航行，并未看到更实际的近地商用卫星和自动飞船任务。

3. 电推进多样化发展时代（1957—1979）

这一时期，美国和苏联都制定了雄心勃勃的太空计划，与此同时，电推进的发展由个人研究转变为团队行为。美国重点发展的是离子推力器。苏联研究最成功、应用最多的是稳态等离子体推力器。美国在 1961—1974 年曾在 SERT-1 、SERT-2、661A、ATS-4、ATS-5、ATS-6 卫星上进行了汞离子和铯离子推力器的飞行试验，共进行了 10 次、15 台离子推力器的飞行试验。苏联于 1966 年研制成功第一台稳态等离子体推力器，经过 Fakel 设计局等许多单位长期广泛和深入的研究，先后开发了多种型号的样机，如 SPT-50、SPT-70、SPT-100、SPT-140 等[7-8]。

4. 电推进被多个国家逐步接受的时代（1980—1993）

这一时期，电阻加热推力器和电弧加热推力器开始投入商业应用，除苏联和美国之外，日本、中国和更多的欧洲国家也开展了电推进的研究和应用。1980 年，日本在宇宙科学研究所的试验卫星 MST4 上，首次试验了准稳态磁等离子体推力器。1992 年，德国 RIT-10 射频离子推力器在欧洲航天局的尤里卡可回收空间平台上进行了飞行试验。1993 年，美国首次将 MR-508 电弧加热推力器用于 7000 系列 Telstar401 卫星，执行位置保持任务，这是电弧加热推力器的首次商业应用。这一时期，共有超过 200 个不同种类的电推力器在轨运行[6-7,9]。

5. 电推进的黄金应用时代（1993 至今）

这一时期，各种电推力器实现了商业应用，取得了巨大的经济效益和社会效益。20 世纪 90 年代初，稳态等离子体推力器技术逐渐传入美国和欧洲。1997 年 8 月，美国研制的氙离子推力器在泛 PAS-5 卫星上首次使用成功。美国深空 1 号小行星探测器、欧洲航天局智慧 1 号月球探测器和日本隼鸟号小行星（取样）探测器的成功飞行成为电推进在深空探测领域应用的里程碑事件。自从 1972 年霍尔推力器在流星号卫星上首次试飞成功以后，到 2015 年年末为止，已有超过 300 台电推进产品在航天器上应用。2015 年，美国波音公司推出了 BSS-702SP 全电推进卫星，标志通信卫星进入全电推进时代。据法国航天局统计，截至 2020 年，50% 的商业通信卫星是全电推进卫星[2,4,8]。

目前，国内开展电推进研究工作的科研机构主要有北京控制工程研究所、兰州空间技术物理研究所、上海空间推进研究所、中国科学院电工研究所等单位及哈尔滨工业大学、北京航空航天大学、西北工业大学等高校。其中，中国科学院电工研究所于 1967 年率先在国内开展了汞离子推力器的研制，后续又开展了电弧加热推力器、FEEP 和射频离子推力器的研究；兰州空间技术物理研究所重点研制电子轰击式离子推力器；上海空间推进研究所于 1996 年开始发展霍尔推力器，研制出 HET40/80/140 等多款推力器；北京控制工程研究所重点研制电弧加热推力器和霍尔推力器[8]。

电推进的应用

当前在全球已经投入应用、并逐渐成为主流的两种电推力器——霍尔推力器和离子推力器是电推进应用的典型代表。下面分别围绕这两种推力器的应用情况进行介绍。

1. 典型离子推力器产品

自从 20 世纪 90 年代末世界上第一台离子推力器被用于空间任务以来，在随后的二十多年间，离子推力器已在多颗商业卫星上成功应用，体现出巨大的航天应用价值。以下分别调研了包括美国、德国、英国在内的多个国家的典型离子推力器产品，主要针对每个推力器的关键技术、性能指标（主要包括质量、比冲、推力、功率等）及对应的航天器应用情况进行了介绍。

（1）美国典型离子推力器产品

世界上第一台成功应用到商业卫星的离子推力器是由美国休斯研究实验室研制的 XIPS-13，于 1997 年被首次应用到休斯研究实验室自主研制的卫星 PAS-5 上。该推力器的有效栅极直径为 13 cm，额定功率为 421 W，比冲为 2 507 s，推力为 17.2 mN。截至目前，超过 60 个该型号的推力器被应用到波音公司的多颗卫星上，主要执行南北位置保持任务。但是在波音公司 BSS-601HP 卫星平台上，该推力器出现的失效次数多达 5 次[9]。

由美国国家航空航天局、喷气推进实验室和休斯研究实验室联合研制的环形电子轰击式离子推力器 NSTAR，于 1998 年被首次应用于深空 1 号航天器。该离子推力器有效栅极直径为 28.6 cm，采用氙气作为推进剂，功率为 0.52 ～ 2.32 kW，比冲为 1 951 ～ 3 083 s，推力为 19 ～ 92.7 mN，主要执行南北位置保持和姿态控制任务。2001 年 12 月，深空 1 号航空器的使命结束，电推进系统累计工作时间达 16 265 h。该推力器是有史以来被研究得最多的一款离子推力器，寿命测试超过 40 000 h，关于它的设计和性能的研究论文多达上百篇[10]。

1999 年，美国休斯研究实验室为满足轨道提升、南北位置和东西位置保持、姿态控制等大推力多模式工作需求，在参考 XIPS-13 结构的基础上，扩大其整体尺寸研制了有效栅极直径为 25 cm 的电子轰击式离子推力器 XIPS-25。该推力器具备两个稳定的工作模式：在 2.2 kW 的低功率模式下，推力器的推力为 80 mN，比冲为 3 450 s；在 4.5 kW 的高功率模式下，推力器的推力为 166 mN，比冲为 3 500 s。这种双模式工作特性使该推力器可以同时满足不同的空间任务需求[11]。2015 年，4 台 XIPS-25 被作为主推进系统应用于世界上第一个全电推进卫星平台——波音公司的 BSS-702 SP 全电推进卫星。该卫星平台本体尺寸为 1.8 m × 1.9 m × 3.5 m；发射质量不超过 2 000 kg，用猎鹰 9 号火箭以一箭双星的方式发射。氙气加注量可达 400 kg，可承载 500 kg 有效载荷，卫星设计寿命 15 年。

除了这些已经成熟应用的离子推力器产品，美国还针对大功率的离子推力器进行了大量研究。例如，2002 年，格林研究中心研制功率为 1 ～ 10 kW、直径为 40 cm 的 NASA 改进型氙推力器以及由美国喷气推进实验室牵头研发的功率为 16 ～ 25 kW 的核电氙离子系统。这些大功率离子推进系统融合了碳碳栅极、石墨触持极、65 cm 放电室、带工质腔的空心阴极等多项关键技术[12]。

（2）欧洲低功率离子推力器 RIT-10 和 T5

为了满足小卫星的应用需求，德国吉森大学研制了小型射频离子推力器 RIT-10，该推力器有效栅极直径为 10 cm，额定功率为 459 W，额定比冲为 3 400 s，推力为 15 mN。英国奎奈蒂克公司研制了小型电子轰击式离子推力器 T5，该推力器有效栅极直径为 10 cm，额定功率为 476 W，额定比冲为 3 200 s，推力为 18 mN[13]。在研制过程中，RIT-10 离子推力器在地面上进行了 20 000 h 的长寿命考核，T5 离子推力器进行了 2 000 h 的地面试验。

2001 年，RIT-10 离子推力器和 T5 离子推力器（见图 5）被搭载在欧洲航天局自主研制的远地轨道卫星 ARTEMIS 上，执行卫星在轨期间南北位置保持任务。该卫星发射质量为 3 100 kg，设计寿命为 10 年，采用了电推进和统一双组元化学推进的复合推进系统。据估算，ARTEMIS 卫星采用离子电推进后，总比冲比采用全化学推进提升了 13% 左右[13-14]。

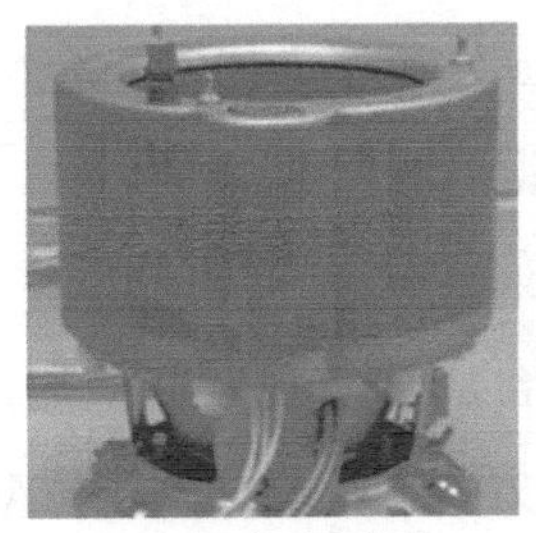

（a）T5离子推力器

（b）RIT-10离子推力器

图 5　欧洲航天局 ARTEMIS 卫星搭载的电推进产品

（3）中国离子推力器产品

我国兰州空间技术物理研究所于 1974 年开始研制离子电推进系统，在 20 世纪 80 年代就先后成功研制了 80 mm 汞离子电推进系统和 90 mm 氙离子电推进系统。进入 21 世纪以来，该所又成功研制了离子电推进系统 LIPS-200 试验样机、工程样机和飞行验证产品，该推进系统主要针对我国地球同步轨道卫星南北位置保持的应用需求。2012 年 10 月 14 日，LIPS-200 随 SJ-9A 卫星顺利发射升空，并于 2014 年 2 月 26 日完成了预定的全部在轨飞行试验内容，系统累计在轨开、关机工作次数达到 226 次，推力、比冲和功率等各项在轨性能全部满足指标要求，且系统与卫星间的工作相容性得到了有效验证。LIPS-200 是中国首个卫星用离子电推进系统，地面寿命及可靠性试验累计工作时间可达 6 000 h。

不仅如此，兰州空间技术物理研究所还开发了 LIPS-200+、LIPS-100、LIPS-300 等离子电推进系统，以满足多种轨道任务需求[15]。

2. 典型霍尔推力器产品

20 世纪 50 年代末，苏联科学家首先提出霍尔电推进技术，并于 20 世纪 60 年代实现了重大技术突破。1972 年，苏联将世界上首台霍尔电推力器 Eol-1 用于 Meteor-10 气象卫星。20 世纪 90 年代初，美国、欧洲、中国等世界主要国家和地区先后引进霍尔电推进技术，因其高可靠、长寿命的技术优势迅速占领电推进产品主流市场。下面分别以俄罗斯 Fakel 设计局、美国 Busek 公司、欧洲 Snecma 公司作为代表，介绍了典型霍尔推力器的关键技术、性能指标及应用情况。

（1）俄罗斯 Fakel 设计局 SPT 系列

SPT-100（见图 6）是世界上第一台成功实现空间应用的霍尔推力器，由苏联科学家 Morozov 研制，该设备集中了正梯度磁场位型、磁聚焦等多项关键技术，之后的霍尔推力器都是在它基础上改进而成的。SPT-100 通道直径为 10 cm，推力器额定功率为 1 350 W，比冲为 1 600 s，推力为 80 mN。1996 年，由美国劳拉空间系统公司和俄罗斯 Fakel 设计局联合成立的国际空间技术公司完成了 SPT-100 电推进系统的鉴定试验。在推力为 81.7 mN，比冲为 1 537 s 下，SPT-100 可连续稳定工作 6 141 h，点火 6 944 次。

图 6　SPT–100

1997 年，国际空间技术公司开始针对该推力器型号进行生产。2004

年 3 月，该推力器被搭载在 LS-1300 平台的 MBSat-1 卫星上。截至目前，SPT-100 已在俄罗斯信息卫星系统列舍特涅夫股份公司 Express 2000、美国劳拉空间系统公司 LS-1300、欧洲空客防务与航天公司 Eurostar-3000、欧洲泰雷兹–阿莱尼亚宇航公司 Spacebus 4000 等多个卫星平台上使用，主要用于执行卫星南北位置保持任务。不仅如此，俄罗斯在 SPT-100 的基础上，研制了适用于小型航天器的 SPT-50、SPT-70 霍尔推力器，以及大型航天器的 SPT-140、SPT-230 霍尔推力器，相关产品技术指标如表 1 所示。其中，SPT-70 已应用于俄罗斯能源设计局 USP、拉沃奇金设计局 US-KMO、克鲁尼契夫航天中心 Yakhta 3 个卫星平台 [16]。

表 1　俄罗斯 Fakel 设计局 SPT 系列技术指标

参数	SPT-50	SPT-70	SPT-100	SPT-140	SPT-230
通道直径 /cm	5	7	10	14	—
额定功率 /W	350	700	1 350	5 000	15 000
平均比冲 /s	1 100	1 500	1 600	1 750	2 700
推力 /mN	20	40	80	300	800
总效率 /%	35	45	50	55	—
产品状态	飞行产品	飞行产品	飞行产品	飞行产品	飞行产品

（2）美国 Busek 公司 BHT 系列

BHT-200 是第一台美国独立研制并成功实现空间应用的低功率霍尔推力器，于 1999 年由美国 Busek 公司研制，推力器通道直径为 3.5cm、推力器直径为 10.5 cm、高度为 12 cm、推力器质量为 1 kg、额定功率为 200 W、正常工作电压为 250 V、比冲为 1 375 s、推力为 13 mN、总效率为 44%。喷气推进实验室寿命验证结果显示，BHT-200 可连续工作 3 000 s，是目前 200 W 量级最高效的推力器。2006 年 12 月，BHT-200 首次应用于质量为 370 kg 的 TacSat-2 小卫星，用于执行为期一年，轨道高度 413 km×424 km、倾角 40° 的轨道维持任务，其速度增量为 154 m/s。

截至 2007 年 12 月，BHT-200 圆满完成任务。不仅如此，鉴于 BHT-

200 在低功率领域的高效性能优势，美国空军学院相继在其 2010 年 11 月和 2018 年发射的实验小卫星 FalconSat-5 和 FalconSat-6 上采用 BHT-200 执行主推进任务。基于 BHT-200 良好的应用前景，Busek 公司相继研发了结构相似的同系列中高功率霍尔推力器 BHT-600、BHT-1500 及 BHT-8000，相关技术指标如表 2 所示。值得注意的是，BHT-8000 具备多模式稳定工作的特性：当放电电压为 400 V 时，推力为 449 mN，比冲为 2 210 s；当放电电压为 800 V，推力为 325 mN，比冲为 3 060 s。这种多模式特性可以极大地拓展推力器执行任务的范围 [17]。

表 2　美国霍尔推力器技术指标

参数	BHT-200	BHT-600	BHT-1500	BHT-8000	XR-5	XR-12
额定功率 /W	200	600	1 800	8 000	4 500	12 100
平均比冲 /s	1 375	1 500	1 820	3 060	2 076	2 129
推力 /mN	13	39	103	449	294	815
推力器质量 /kg	1	2.6	6.8	25	—	—
产品状态	飞行产品	飞行产品	工程样机	工程样机	飞行产品	飞行产品

（3）美国洛克达因公司 BPT-4000 系列

2008 年，由美国洛克达因公司和美国国家航空航天局喷气推进实验室联合研制了 BPT-4000 霍尔推力器（见图 7），功率为 1 ～ 4.5 kW，该推力器采用磁屏蔽技术，在喷气推进实验室条件下 100 000 h 内的寿命测试阶段实现了零壁面侵蚀，BPT-4000 霍尔推力器的寿命试验时间达到了 10 400 h，之后改名为 XR-5。该推力器于 2015 年搭载在美国洛克希德•马丁公司 A2100M 卫星平台上，选定额定功率为 5 000 W，主要执行卫星轨道提升、南北位置保持及姿态控制等任务。不仅如此，XR-5 也被用于洛克达因公司的全电推进卫星平台 GEOStar-3。此外，该公司进一步扩大 XR-5 的尺寸，研制出额定功率为 12 kW 的 XR-12[18]。XR-5 和 XR-12 的相关技术指标如表 2 所示。

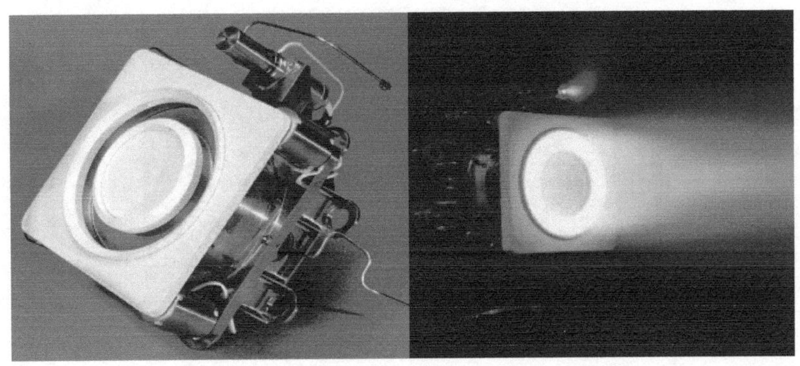

图 7　BPT-4000 霍尔推力器

（4）法国 Snecma 公司 PPS 系列

PPS-1350 由著名航天推进制造商法国 Snecma 公司研制，它的结构是基于苏联 Fakel 设计局的 SPT-100。1992—1998 年，Snecma 公司在 Morozov 正梯度磁场的设计思想指导下，实现了额定功率为 1 500 W，比冲为 1 720 s，推力为 88 mN，总效率为 60% 的高效性能。2003 年 9 月，欧洲航天局将其用于质量在 370 kg，特征长度在 1 m 的月球探测器 SMART-1 上，主要执行月球探测器的南北位置保持任务。该推力器共计运行了 6 000 h，其中点火 843 次，于 2005 年 9 月 22 日完成任务[19]。随后，Snecma 公司在此基础上进一步优化，经改进后的 PPS 1350-E 额定功率扩展至 2 500 W，在实验室条件下持续工作 6 700 s。

鉴于 PPS-1350 的成功，Snecma 公司于 1999 年立项开展了新一代大功率、双模式霍尔推力器（代号 PPS®X000）的研制，用来适应下一代地球同步轨道卫星对推进系统的更高要求。经过数十年的发展，在 PPS®X000 基础上克服高电压下过热、磁饱和及壁面侵蚀严重等困难后，Snecma 公司于 2008 年研制出了 PPS®5000 霍尔推力器（见图 8），该推力器在 5 000 W 的高功率下可实现推力为 325 mN，比冲为 2 350 s 的高效运行。该产品采用磁屏蔽等关键技术，使壁面侵蚀问题进一步得到抑制，寿命验证试验显示可持续工作 15 000 h 以上。

图 8　PPS®5000 霍尔推力器

鉴于 PPS®5000 霍尔推力器高功率、长寿命的性能优势，该产品受到多个卫星制造商的关注。法国航天局、欧洲航天局、欧洲通信卫星公司的多家卫星制造商先后与 Snecma 公司签订了合约，将 PPS®5000 霍尔推力器用于各自的卫星平台上。欧洲航天局在 2017 年推出的欧洲新一代通信卫星项目 Neosat，采用 PPS®5000 霍尔推力器作为其全电推卫星平台的主推进器，该项目涵盖了空客集团和泰雷兹公司的下一代卫星平台——Eurostar Neo 和 Spacebus Neo，并于 2018 年发射了其首颗电推进卫星[20]。

（5）国内霍尔推力器应用

北京控制工程研究所从 2012 年开始霍尔电推进技术研究，并与哈尔滨工业大学联合研发了 HEP-100MF 霍尔推进系统，该推进系统攻克了宽范围磁聚焦、放电低频振荡控制、低功耗高可靠空心阴极稳定放电、耐离子溅射氮化硼基特种陶瓷材料等多个关键技术。HEP-100MF 霍尔推进系统的额定功率为 1 350 W，推力为 79.1 mN，比冲为 1 794 s。2016 年 11 月 3 日，HEP-100MF 霍尔推进系统成功搭载长征五号运载火箭在实践十七号卫星上进行了飞行验证，这是我国空间电推进技术发展的重要里程碑[21-22]。

电推进的发展方向

电推进的发展方向与空间任务的需求息息相关。结合美国、欧洲等主要航天大国的发展状况，可以发现航天电推进的发展方向主要涵盖了以下3个方面。

（1）深空探测计划蓬勃发展，需要发展大功率电推力器

以“火星2020”“天问一号”等火星探测任务为典型代表的深空探测计划，其任务期内能源供给、推力需求高，需要发展大功率电推力器。在这一需求牵引下，10 kW以上量级的大功率电推力器成为发展热点。以美国国家航空航天局格林研究中心正在实施的太阳能电推进项目SEP为例，该计划采用多个功率为12.5 kW的霍尔推力器组成总功率为40 kW的霍尔推力器阵列，可实现霍尔推力器功率在10 kW以上的高效运行。此外，2017年10月14日，美国国家航空航天局与密歇根大学联合研制的100 kW级多环霍尔推力器X3已经实现50 kW级的成功点火。这些大功率电推力器的研制可保障火星探险、星际旅行等深空探测任务的动力需求。

（2）在空间引力波测量、重力场和海洋环流探测等多种科学试验的牵引下，多功能、多模式电推力器成为研究热点

以欧洲LISA计划、我国“天琴”计划为典型代表的引力波探测项目，对航天器推进系统提出超低扰动的轨道任务需求。在这一需求牵引下，具备大范围连续变推能力、多种工作模式的电推力器受到各航天大国的关注。其中，以欧洲LISA计划为例，该计划采用高效多级等离子体推力器执行卫星姿态调整、阻力补偿等多种轨道任务，以满足超高精度无拖曳控制的动力要求。

（3）微纳卫星、微小卫星编队的迅猛发展为微小电推力器带来了市场

以美国“星链”计划为典型代表的微小卫星星座项目，由于成本、体积及质量限制，无法直接使用大功率电推力器。因此，研制体积小、自重小的微小型电推力器成为迫切需求。

结语

从目前电推进发展的格局来看，电推进已覆盖类型、功率、模式、比冲的全范围。按电推进在世界主要国家的应用及研究格局来看，美国的产品类型最全、水平最高，包括了离子推力器（电子轰击式、射频式）、霍尔推力器、电弧加热式推力器、脉冲等离子体推力器；俄罗斯以霍尔推力器为代表，独具特色；欧洲主要开展了射频离子推力器、电子轰击式离子推力器（德国为射频式；英国为电子轰击式）、霍尔推力器（法国）；日本主要以电子回旋共振式离子推力器为发展重点；我国正在以离子推力器（电子轰击式、射频）、霍尔推力器、电弧加热推力器、脉冲等离子体推力器为发展重点。

近年来我国电推进取得了突破性的成就，特别是离子推进和霍尔推进实现了空间应用的零突破。但是，与国际先进水平相比，我国电推进的发展仍存在很大差距，主要表现在以下几个方面。

① 稳定工作的电推进功率范围狭窄，多集中在 500 ～ 1 500 W 的中功率范围。

② 电推进卫星发射经验少，对于推进系统及其关联的控制系统的设计、研制缺乏基础。

③ 推力精确度较低、工作可靠性与国际同期水平相比仍存在一定差距。

为了加快我国电推进的发展速度，提升电推进水平，我们应加强大功率、长寿命霍尔推力器关键技术的研究，推动我国全电推进卫星平台的发展；同时要开展多种类型的微小电推力器的研制，使该领域的推力器逐渐成熟。

此外，我们还需发展与推力器单机匹配的推进系统：一方面增强大功率电推进系统的负载能力；另一方面促进微小推进系统的集成化能力，提升电推进地面测试平台建设，促进航天原始创新能力的提升。

参考文献

[1] LOKEIDARNG K. Deep space propulsion[M]. New York: Springer, 2012.

[2] LEVCHENKO I, XU S, TEEL G, et al. Recent progress and perspectives of space electric propulsion systems based on smart nanomaterials[J]. Nature Communication. DOI: 10.1038/s41467-017-02269-7.

[3] DANKANICH J, VONDRA B, ILIN A. Fast transits to Mars using electric propulsion[C]// 46th AIAA/ASME/SAE/ASEE Joint Propulsion Conference & Exhibit t. Reston, VA: AIAA, 2010. DOI: 10.2514/6.2010-6771.

[4] LEVCHENKO I, KATERYNA B, YONGJIE D, et al. Space micropropulsion systems for cubesats and small satellites: from proximate targets to furthermost frontiers[J]. Applied Physics Reviews, 2018, 5(1). DOI: 10.1063/1.5007734.

[5] GOEBEL D, KATZ I. Fundamentals of electric propulsion: ion and hall thrusters[R]. JPL Space Science and Technology Series, 2008.

[6] JAHN R, CHOUEIRI E. Electric Propulsion[M]. California, USA: Encyclopedia of Physical Science and Technology, 2002.

[7] MOROZOV I, BALEBANOV M, BUGROVA I, et al. ATON-thruster plasma accelerator[J]. Plasma Physics Reports. 1997, 23(7): 587-597.

[8] 于达仁, 乔磊, 蒋文嘉, 等. 中国电推进技术发展及展望[J]. 推进技术. 2020,4 1(1): 1-11.

[9] CHIEN K. L-3 communications ETI electric propulsion overview[R]. IEPC, 2005.

[10] PATTERSON M, FOSTER J, HAA T, et al. NEXT: NASA' s evolutionary

xenon thruster[C]// 38th Joint Propulsion Conference. Reston, VA: AIAA, 2002. DOI: 10.2514/6.2002-3832.

[11] TIGHE W, CHIEN K, SOLIS E. Performance evaluation of the XIPS 25-cm thruster for application to NASA discovery missions[C]// 42nd AIAA/ASME/SAE/ASEE Joint Propulsion Conference & Exhibit. Reston, VA: AIAA, 2006. DOI: 10.2514/6.2006-4666.

[12] POLK J, GOEBEL D, KATZ I, et al. Performance and wear test results for a 20-kW class Ion engine with carbon-carbon grids[C]// 41st Joint Propulsion Conference. Reston, VA: AIAA, 2005. DOI: 10.2514/6.2005-4393.

[13] WALLACE N, MUNDY D, FEARN D, et al. Evaluation of the performance of the T6 Ion thruster[C]// 35th Joint Propulsion Conference. Reston, VA: AIAA, 1999. DOI: 10.2514/6.1999-2442.

[14] LEITER H, KUKIES R, KILLINGER R, et al. RIT-22 ion engine development-endurance test and life prediction[C]// /42nd Joint Propulsion Conference. Reston, VA: AIAA, 2006. DOI: 10.2514/6.2006-4667.

[15] 张天平, 张雪儿. 离子电推进的航天器应用实践及启示[J]. 真空与低温, 2019, 25(2): 73-81.

[16] PIDGEON D, COREY R, SAUER B, et al. Two years on-orbit performance of SPT-100 electric propulsion[C]//42nd Joint Propulsion Conference. Reston, VA: AIAA, 2006. DOI: 10.2514/6.2006-5353.

[17] SANDAU R. Status and trends of small satellite missions for earth observation[J]. Acta Astronautica, 2010, 66(1): 1-12.

[18] WELANDER B, CARPENTER C, DE GRYS K. Life and operating range extension of the BPT-4000 qualification model hall thruster[C]//42nd AIAA/ASME/SAE/ASEE Joint Propulsion

Conference. Reston, VA: AIAA, 2012. DOI: 10.2514/6.2006-5263.

[19] ETSUBLIER D, KOPPEL C. SMART-1 end-to-end test: final results and lesson[C]//28th International Electric Propulsion Conference. Toulouse, France, 2003.

[20] DUCHEMIN O, MÉHAUTÉ D L, ÖBERG M, et al. End-to-End testing of the PPS®5000 hall thruster system with a 5-kW power processing unit[C]//34th International Electric Propulsion Conference, 2014.

[21] 康小录, 杭观荣, 朱智春. 霍尔电推进技术的发展与应用[J]. 火箭推进, 2017, 43(1): 9-17.

[22] 康小录, 张岩. 空间电推进技术应用现状与发展趋势[J]. 上海航天, 2019, 36(6): 24-34.

高园园，北京航空航天大学宇航学院卓越百人博士后。主要研究方向为面向微小卫星应用的微小型电推进研究。迄今为止，主持国家自然科学基金青年基金项目 1 项，博士后面上基金项目 1 项，在相关领域国际高水平学术期刊上共发表 13 篇 SCI 论文（第一作者 9 篇，其中 Q1 区 4 篇，Q2 区 2 篇），在电推进国际会议上发表第一作者论文 2 篇。其中，在放电等离子体研究领域期刊 *Plasma Sources Science & Technology* 上以第一作者发表 SCI 论文 3 篇，有关工作被选为 Editor's Pick（代表特定领域内具有高学术价值的工作），并荣获中国电推进会议优秀论文奖。

王伟宗，北京航空航天大学宇航学院教授、博士生导师，入选欧盟玛丽·居里学者人才计划、国家级青年人才计划。研究方向为航天器电推进、智变火箭发动机等。在国内外学术期刊和会议上发表论文 100 余篇，其中，SCI 索引论文 60 篇（第一 / 通信作者论文 40 篇），含精选 / 亮点 /VIP/ 特色文章 8 篇，2 篇论文被选为期刊封面，1 篇论文获得英国皇家物理学会"中国高被引用论文奖"，研究工作得到比利时最高级别报纸 *De Standaard*、*Advances in Engineering* 等多家国际媒体的关注和报道。授权国家发明专利 10 项，申请国家发明专利 10 项，其中参与完成的一项专利实现成果转换和产业应用，荣获中国国家专利优秀奖。在国际、国内学术会议和论坛上做特邀报告三十余次，并获得 2018 亚太等离子体和太赫兹国际会议杰出论文奖、中国电推进学术研讨会以及中国"高电压与放电等离子体"学术会议优秀论文奖。

从纳豆拉丝到凝胶推进剂雾化

北京航空航天大学宇航学院

方子玄　富庆飞　杨立军

21 世纪是中国航天高歌猛进的世纪，中国已经成功完成了载人航天、月面探测等基础工程，在外太空建成了自己的空间站，接下来我们将建立月球基地，继续探索辽阔的宇宙。众所周知，航天员、空间站若想走出地球，迈向太空，就必须要搭载运载火箭。那么问题来了，运载火箭除了要带着自身数十吨的质量，还要把人和货物送上天，它以什么作燃料呢？是像汽车一样烧汽油，还是像火车一样烧煤？在大家一般的印象中，火箭会使用液态的煤油、肼类来作燃料，本文将为大家介绍另一类可以用作火箭推进剂的物质，以及如何让其更好地服务于火箭发动机的燃烧。我们将从生活中常见的材料入手，带大家认识这类特殊的物质。

生活中的黏弹性流体

纳豆是日本人餐桌上最常见的食物之一。纳豆由大豆发酵而成，在发酵过程中，大豆蛋白会被转化成一种叫作多谷氨酸的聚合物，这种聚合物赋予了纳豆与众不同的形态和鲜味。图 1 所示为日本冲绳大学的研究人员在拉伸流变仪上对纳豆块进行拉伸的过程。我们能够观察到纳豆块之间的黏稠物被分裂成几股，以及中心的大团“违反重力原则”向上运动。这种流体我们一般会以“黏稠”来形容。

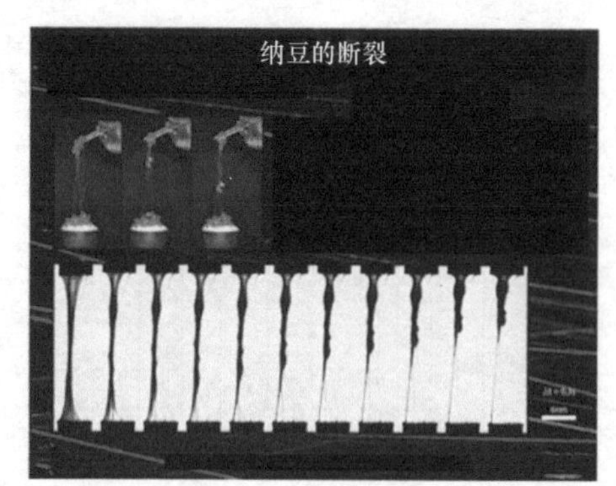

图 1　纳豆拉丝现象

“黏稠”绝非纳豆独有的属性。回忆一下生活中常见的其他物质，无论是甜甜的食品（如蜂蜜），酸酸的饮品（如酸奶），还是苦苦的药品（如急支糖浆），或多或少都带有这种“黏稠”属性。除了“黏稠”以外，我们还会使用“Q 弹”来形容另一部分食品，如果冻、奶茶里的脆波波等（见图 2）。为什么“黏稠”

和“Q 弹”会给我们留下如此深刻的印象呢？除了粘在衣服上都不好洗之外，最重要的一个原因，就是它们的流动性质与日常生活中最常见的液体有很大的不同。日常生活中最常见的液体其实只有两样：水和酒，水和酒属于典型的“牛顿流体”，即应力与应变永远呈正相关的线性比例关系，“黏性”行为永远占据主导地位。说得通俗一点，它们在倾倒的过程中既不会先凝聚成大团再滴落，也不会形成肉眼可见的细长拉丝，“吨吨吨”就流下去。前面提到的具有“黏稠”和“Q 弹”属性的流体，已经偏离了典型的“牛顿流体”这一概念范畴，即应力与应变并不总是呈现线性比例关系，出现了常规意义上固体中才能见到的“弹性”行为。纯粹的流体只具有“黏性”行为，纯粹的固体只具有“弹性”行为，而“黏稠”和“Q 弹”的属性兼具纯粹流体和纯粹固体的特征，可以归类为“黏弹性流体”。显然，“黏稠”更接近流体的属性，“Q 弹”更接近固体的属性。

图 2　生活中的“黏稠”和“Q 弹”

凝胶推进剂简介

在航天推进剂领域，为了提高推进剂的能量密度，改善存储性能，研究人员也开发出了具有“黏稠”或“Q 弹”性质的推进剂，那就是凝胶推进剂，又名凝胶燃料。

凝胶推进剂是在普通碳氢燃料中加入少量凝胶剂后形成的具有较好稳定性的燃料，向其中添加含能固体粒子（如硼、铝粉末）后，粒子能够悬浮于凝胶体系中，并且可以保持稳定的状态和均匀的密度。加入含能固体粒子的凝胶推进剂也叫作含能凝胶推进剂。

美国在含能凝胶推进剂方面进行了大量研究，也取得了大量的成果。1933 年，Engene-Saenger 开始将金属化液体燃料应用于内燃机中，使用的金属化液体燃料就是凝胶推进剂的雏形。20 世纪 60 年代，美国主要致力于金属化凝胶推进剂 [重点是铝 - 肼多相燃料、LO_2(液氧)/Be/LH_2(液氢)、LF_2(液氟)/N_2H_4/Al] 的开发研究；20 世纪 70 年代，美国国防部进行了自燃式双组元凝胶推进剂的研发工作，重点放在肼衍生物的凝胶推进剂与红色发烟硝酸的凝胶氧化剂的组合；20 世纪 80 年代，美国国家航空航天局刘易斯研究中心着重研究了 RP-1/Al 凝胶系；20 世纪 90 年代之后，化工技术的发展也在一定程度上加速了凝胶推进剂的发展。美国 Argonide 公司、美国国家航空航天局格伦研究中心与宾夕法尼亚州立大学机械工程系合作研究了 RP-1/Al 配方及其燃烧性能，结果表明：当添加质量分数 30% 以上平均粒径为 100 nm 的超细铝粉之后，燃料系统获得了良好的动力学稳定性，而且铝粉能够完全燃烧，同时对 RP-1 的点火具有促进作用。将凝胶推进剂应用于火箭发动机领域是美国现阶段的重要任务。

德国在 1933 年就曾有关于含能凝胶推进剂的理论分析研究，并在 20 世纪六七十年代开始了试验研究。2007 年，德国费劳恩霍费尔化学工艺研究所的科学家研究了 ADN(二硝酰胺铵) 水凝胶推进剂的热稳定性，通过添加合适的胶黏剂，可提高凝胶推进剂的热稳定性，延长贮存期，而且对于 ADN 浓度较高的溶液，燃料比冲在 7 MPa 压力下可达 1 550 N • s/kg；而在同样条件下，AP(高氯酸铵) 的燃料比冲仅为 1 510N • s/kg。

我国在凝胶推进剂方面研究的起步时间较晚，但也取得了一些成就。符全军等 [1] 分别以胶凝剂 XH 和 SD 制备了 UDMH/NTO(偏二甲肼 / 四氧化二氮）双组元凝胶推进剂，采用 Brookfield 流变仪测试其流变性能均比较理想，通过发动机初步流液试验证实 SD 颗粒在流动中会阻塞发动机毛细管，经过复合胶凝剂 FH 改进后，其凝胶推进剂的流变性能较好。韩伟等[2] 针对红烟硝酸 / 偏二甲肼的化学性质，结合流变性能测试、发动机头部液流试验、限流圈试验及地面热试车，分别筛选出了合适的胶凝剂 Y0702 与 NR02。这两种胶凝剂与红烟硝酸 / 偏二甲肼能够形成具有优异流变性能的凝胶推进剂体系，且该体系在地面热试车中的表现良好。天津大学面向航空航天发动机的应用需求，开发了不同类型的含硼颗粒、铝颗粒的凝胶推进剂体系，开展了关于含能凝胶推进剂的供应、喷注、雾化、燃烧等发动机应用特性研究[3-4]。

含能凝胶推进剂虽然可以有效改善固体颗粒的均匀分散特性，具有较高的应用潜力，但其仍然存在一些需要解决的问题才能实现工程化应用，其中最重要的就是凝胶推进剂喷注问题：由于凝胶推进剂为非牛顿流体，其流动特性十分复杂，基于牛顿流体（液氢、液氧、煤油等）设计的喷注器很难实现凝胶推进剂的良好雾化，进而影响凝胶推进剂的燃烧特性。

凝胶推进剂的雾化

前面提到，含能凝胶推进剂的一个重要特征就是难以雾化。举个日常生活中的例子，淋浴器在压力作用下将热水箱中贮存的水喷射出来并雾化（见图 3），如果热水箱中贮存的不是热水，而是果冻、冰粉、纳豆，那么喷射和雾化的过程会顺利吗？

图 3　淋浴器喷水并雾化

为了从理论层面解决凝胶推进剂的雾化问题，Yang 等[5-8] 建立了接近真实推进剂流变特性的黏弹性流体模型，并分析了多种流动情况下的射流、液膜稳定性问题。

在试验层面，由雾化机理可知，凝胶推进剂黏度的提高会增加射流雾化过程的黏性耗散，抑制射流表面的失稳，进而阻碍凝胶推进剂的破碎和雾化。因此，对于凝胶推进剂而言，可以通过降低凝胶推进剂的表观黏度来改善雾化效果。例如，利用凝胶推进剂剪切变稀的特性，可通过增加喷嘴内凝胶推进剂受到的剪切应力使其黏度减小，从而改善雾化。常见的喷嘴主要有以下几类。

1. 直流喷嘴 / 自激振荡喷嘴

Rahimi 和 Natan[9] 研制的凝胶发动机试验样机采用的直流喷嘴具有锥形通道的喷嘴结构（见图 4）。他们初步计算了凝胶推进剂在喷嘴中的速度与黏性分布，结果表明凝胶推进剂的平均表观黏度在喷嘴出口处明显减小，而增大通道收敛角可以获得更好的雾化效果。Madlener 等 [10] 通过试验研究讨论了锥角 α 对凝胶推进剂流动和喷雾行为的影响。然而，这种方式对雾化的改善也有限。Rahimi 和 Natan 的试验结果表明，对于相同的凝胶推进剂质量流量，30° 和 2° 锥角作用下凝胶推进剂雾化产生的雾滴平均直径（Sauter Mean Diameter，SMD）似乎是相同的。

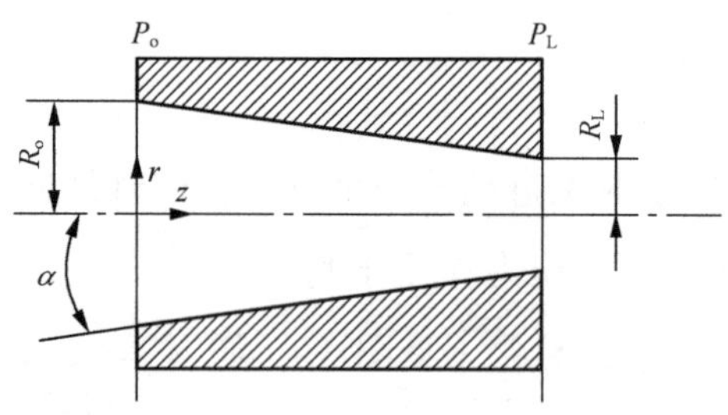

图 4　具有锥形通道的喷嘴结构

Jia 等 [11] 提出了一种适用于凝胶推进剂的自激振荡喷嘴（见图 5），并对不同喷嘴结构的影响进行了详细的试验研究。研究结果表明，与传统的直流喷嘴相比，自激振荡喷嘴的流量系数更小，雾化效果更佳，且雾滴直径分布更加均匀。同时，Jia 等指出：自激振荡喷嘴由于内部强烈的湍流，其稳定性和可靠性都比传统的直流喷嘴更高。

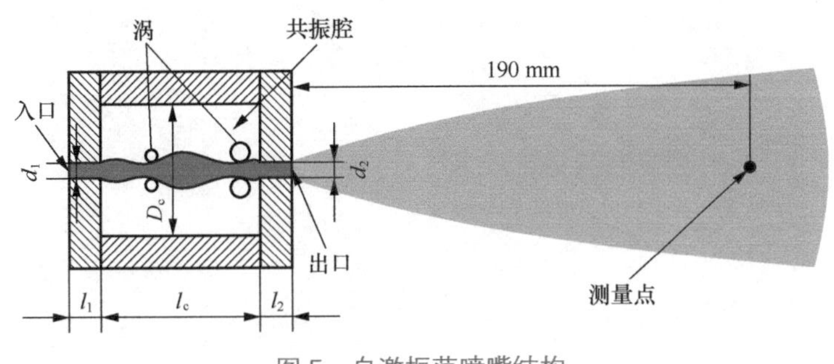

图 5　自激振荡喷嘴结构

2022 年，Li 等 [12] 提出了一种新型单相喷嘴（见图 6），其基本原理为：通过内剪切锥体使得凝胶推进剂的表观黏度大幅降低，从而提高了凝胶推进剂的雾化性能。如图 7 所示，与直流喷嘴相比，新型单相喷嘴能够使凝胶推进剂具有更好的雾化效果。新型单相喷嘴能够有效减小喷雾场中大液滴的体积占比，在降低雾滴平均直径的同时也能提高喷雾的均匀度。同时，新型单相喷嘴的喷雾锥角明显大于直流喷嘴，有利于推力室中凝胶推进剂的混合和蒸发。

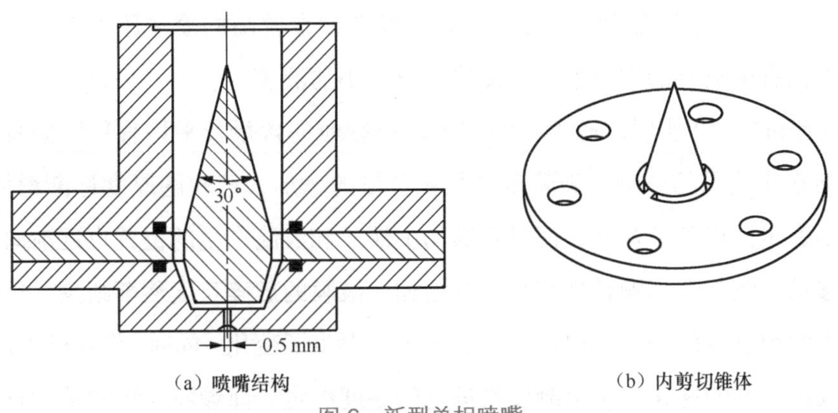

（a）喷嘴结构　　（b）内剪切锥体

图 6　新型单相喷嘴

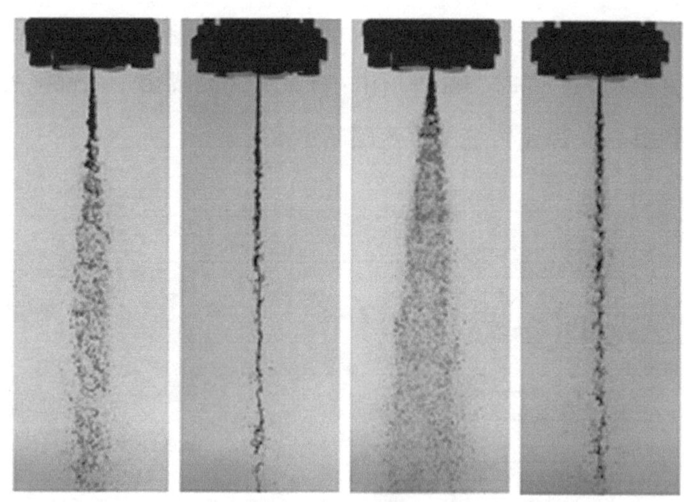

图 7　不同质量流量下新型单相喷嘴 / 直流喷嘴雾化效果对比

2. 离心喷嘴

Yang 等 [13] 使用离心喷嘴对 0.2 ～ 1.6 MPa 压降条件下凝胶模拟液的雾化特性进行了研究。研究表明，在相同的压力条件下，凝胶模拟液以近似圆柱射流的形式喷出，而水溶液已能够形成稳定的锥形液膜。随着喷注压力的逐渐提高，溶液的破碎长度逐渐减小，这与牛顿流体的规律一致（见图 8）。然而与直流喷嘴一样，离心喷嘴即使在较高的喷注压力下，喷雾场中仍有未破裂的大量液丝，无法获得细小的液滴。

Kim 等 [14] 使用离心喷嘴测试了金属颗粒的含量及平均直径对凝胶推进剂雾化效果的影响。随着金属颗粒含量的增加，液膜的厚度逐渐增加，其不稳定性得到了抑制，而且喷雾场中液丝和液滴产生的位置也逐渐向下游移动。随着金属颗粒平均直径的增加，液膜的破碎长度逐渐减少，这是由于颗粒直径的增加使得液膜的破碎机制发生了变化。同时，作者还指出，凝胶推进剂的雾化锥角由凝胶推进剂的黏度决定，而颗粒含量和平均直径的增加都会使凝胶推进剂黏度增加，进而影响凝胶推进剂的雾化锥角。

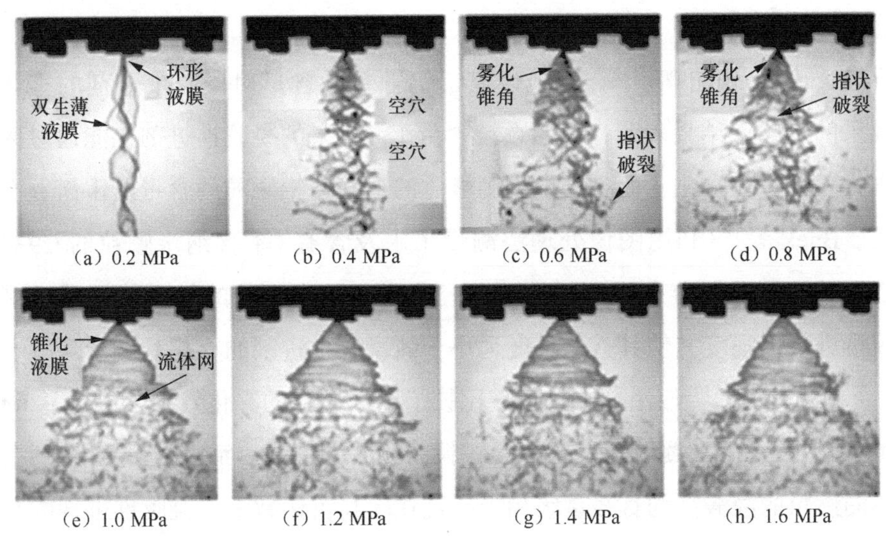

图 8　不同喷注压力下离心喷嘴对凝胶模拟液的雾化效果[13]

3. 撞击式喷嘴

撞击式喷嘴利用两股或多股射流互击，致使凝胶推进剂破碎、雾化、掺混更均匀。撞击式喷嘴是目前国内外火箭发动机中最常用的雾化形式。按组织形式的不同，撞击式喷嘴可分为互（双）击式、三击式、四击式和多击式。而按照流体种类的不同，撞击式喷嘴又可分为自击式（相似性）和互击式（非相似性）。其中，双股自击式和双股互击式的撞击式喷嘴是最为常见的液体火箭发动机喷注器形式。

Lee 等[15]和 Desyatkov 等[16]的研究结果显示，对于相似的雷诺数，凝胶推进剂液膜碎裂形成的液滴尺寸比牛顿流体大很多，且凝胶推进剂撞击形成的液膜较牛顿流体也有更大的扩展面积，这主要是凝胶推进剂高黏度特性作用引起的。Fakhri 等[17]研究了喷嘴形状对凝胶推进剂雾化的影响，研究表明喷嘴长径比对凝胶推进剂雾化的影响要大于喷嘴形状的影响。相比于长喷嘴而言，从短喷嘴的喷注的凝胶推进剂射流更容易产生表面扰动。对于凝胶推进剂而言，其破碎距离更长，且破碎长度随雷诺数的变化也更剧烈。

Von Kampen 等 [18] 详细地研究了铝颗粒的含量对凝胶推进剂的雾化效果的影响。结果表明，高铝颗粒含量（40%）的凝胶推进剂也能通过撞击式喷嘴进行雾化，而凝胶推进剂雾化的形式与铝颗粒的含量及雷诺数有关。Baek 等 [19] 利用图像处理法测量了水及含有 / 不含纳米颗粒的 C934 Carbopol 凝胶的雾化液滴尺寸。研究指出，纳米颗粒的加入能够减小凝胶推进剂的强度并使其雾化长度远小于纯凝胶推进剂的雾化长度。

Bartels 等 [20] 使用撞击式喷嘴比较了不同燃料的雾化效果，包括了 Jet A-1 燃料、Jet A-1 凝胶以及含金属颗粒的凝胶推进剂。而从试验结果上看，不同燃料的液滴平均直径量级相当，且在较高雷诺数下，凝胶推进剂的雾化形态与牛顿流体类似。

为了改善凝胶推进剂的雾化效果，Yang 等 [21] 提出了一种新型撞击式喷嘴，通过在喷嘴内部加装一个 Helmholtz 谐振器（见图 9），使凝胶推进剂在喷嘴出口处受到的扰动增加，从而加速凝胶推进剂的破裂和雾化。结果表明，使用新式的喷嘴能够有效减小凝胶推进剂液膜的破碎长度。

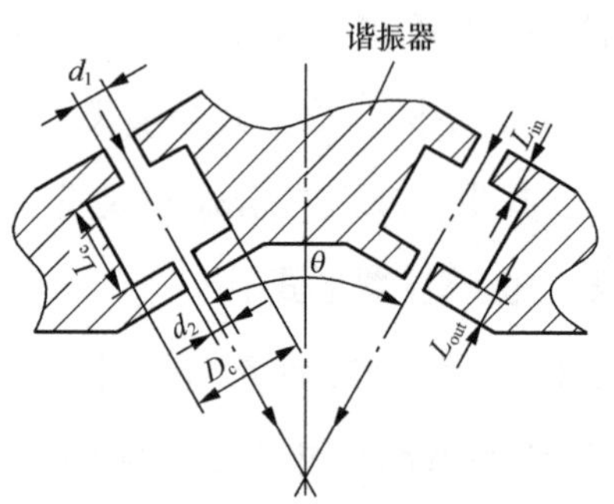

图 9　新型撞击式喷嘴结构

4. 气动雾化喷嘴

Guglielmi[22] 测试了气动雾化喷嘴对凝胶推进剂和含能凝胶推进剂的雾化效果。结果表明，由于两种燃料的黏度较高，因此在高气液质量比下，燃料雾化产生的液滴平均直径仍在 30 ～ 40 μm。Padwal 和 Mishra[23] 研究了气液内混式喷嘴对凝胶推进剂的雾化效果，作者通过改变混合腔中气 - 液的掺混位置获得了较好的雾化效果。作者提出的新式喷嘴能够在气液质量比在 8% ～ 2.66% 的情况下获得 20 ～ 43 μm 的雾化液滴平均直径，其中 20 μm 的液滴对应着气液质量比最大（8%）及胶凝剂含量最低（质量百分比为 7.54%）的情况。研究指出，随着气液质量比的增加，气液界面的剪切力会增强，从而就可以促进燃料及液滴的破裂。

Fang 等 [24] 设计了一种 Y 型内混式气动剪切喷嘴（见图 10），可以在气液比约等于 8% 的情况下，将某种较浓稠的含铝粉颗粒凝胶推进剂雾化产生的液滴平均直径降至 18 mm。

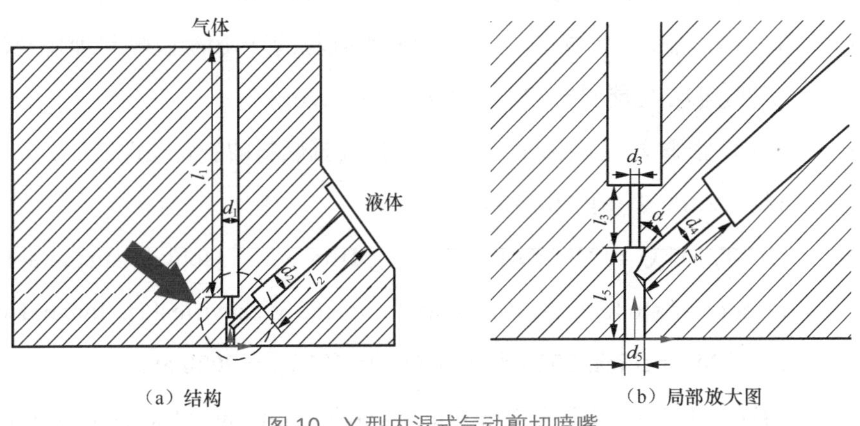

图 10　Y 型内混式气动剪切喷嘴

结语

凝胶推进剂距离我们的生活并不遥远，只要留心观察就可以发现身边类似性质的物体。经过半个多世纪的发展，凝胶推进剂的制备与贮存技术已经取得了长足进步，其作为运载火箭燃料的优势也在日益显现。雾化技术将成为凝胶推进剂最终能否广泛应用的关键。我国凝胶推进剂雾化技术研究的起步时间较晚，但是已经有高校，如北京航空航天大学、天津大学、清华大学等对本领域开展了扎实的研究，并初步将成果或产品应用在了航天产业中。随着相关基础研究的深入，凝胶推进剂也一定能登上更为广阔的舞台。

参考文献

[1] 符全军, 杜宗罡, 兰海平, 等. UDMH/NTO 双组元凝胶推进剂的制备及性能研究[J]. 火箭推进, 2006, 32(1): 48-53.

[2] 韩伟, 单世群, 杜宗罡, 等. 红烟硝酸/偏二甲肼凝胶双组元推进剂研制[J]. 化学推进剂与高分子材料, 2009, 7(6): 38-41.

[3] 曹锦文, 潘伦, 张香文, 等. 含纳米铝颗粒的JP-10凝胶燃料理化及流变性能[J]. 含能材料, 2020, 28(5): 382-390.

[4] 潘伦, 张香文. 高触变性高密度凝胶碳氢燃料的制备及性能[J]. 含能材料, 2018, 27(6): 501-508.

[5] HU T, FU Q F, YANG L J. Falling film with insoluble surfactants: effects of surface elasticity and surface viscosities[J]. Journal of Fluid Mechanics, 2020(889). DOI: 10.1017/jfm.2020.89.

[6] LIU L J, YANG L J. Nonlinear wave evolution of shear-thinning Carreau liquid sheets[J]. Journal of Fluid Mechanics, 2019(859): 659-676.

[7] XIE L, YANG L J, FU Q F, et al. Effects of unrelaxed stress tension on the weakly nonlinear instability of viscoelastic sheets[J]. Physics of Fluids, 2016(28). DOI: 10.1063/1.4965820.

[8] JIA B Q, XIE L, YANG L J, et al. Energy budget of a viscoelastic planar liquid sheet in the presence of gas velocity oscillations[J]. Physics of Fluids, 2020(32). DOI: 10.1063/5.0016311.

[9] RAHIMI S, NATAN B. Flow of gel fuels in tapered injectors[J]. Journal of propulsion and power, 2000, 16(3): 458-464.

[10] MADLENER K, MOSER H A, CIEZKI H K. Influence of the injection inlet angel on the flow and spray behavior of shear thinning fluids in impinging jet injectors[C]// 38th International Annual Conferece of ICT. Cologne: DLR, 2007.

[11] JIA B Q, FU Q F, XU X, et al. Spray characteristics of Al-nanoparticle-containing nanofluid fuel in a self-excited oscillation injector[J]. Fuel, 2021(290). DOI: 10.1016/j.fuel.2020.120057.

[12] LI P H, YANG L J, FU Q F, et al. Spray characteristics of the nanoparticle-containing gel propellants by using an improved single-phase nozzle[J]. Fuel, 2022(315). DOI: 10. 1016/j. fuel. 2021. 122968.

[13] YANG L J, FU Q F, QU Y Y, et al. Spray characteristics of gelled propellants in swirl injectors[J]. Fuel, 2012(97): 253-261.

[14] KIM H, KO T, KIM S, et al. Spray characteristics of aluminized-gel fuels sprayed using pressure-swirl atomizer[J]. Journal of Non-Newtonian Fluid Mechanics, 2017(249): 36-47.

[15] LEE J G, FAKHRI S, YETTERR A. Atomization and spray characteristics of gelled-propellant simulants formed by two impinging jets[C]//45th AIAA/ASME/SAE/ASEE Joint Propulsion Conference& Exhibit. Reston, VA: AIAA, 2012. DOI: 10.2514/6.2009-5241.

[16] DESYATKOV A, ADLER G, PROKOPOV O, et al. Atomization of gel fuels using impinging-jet atomizers [J]. International Journal of Energetic Materials and Chemical Propulsion, 2011, 10(1): 55-65.

[17] FAKHRI S, LEE J G, YETTERR A. Effect of nozzle geometry on the atomization and spray characteristics of gelled-propellant

simulants formed by two impinging jets[J]. Atomization and Sprays, 2010, 20(12): 1033-1046.

[18] VON KAMPEN J, ALBERIO F, CIEZKI H K. Spray and combustion characteristics of aluminized gelled fuels with an impinging jet injector[J]. Aerospace Science and Technology, 2007, 11(1): 77-83.

[19] BAEK G, KIM S, HAN J, et al. Atomization characteristics of impinging jets of gel material containing nanoparticles[J]. Journal of Non-Newtonian Fluid Mechanics, 2011, 166(21-22): 1272-1285.

[20] BARTELS N, VON KAMPEN J, CIEZKI H K, et al. Investigation of the spray characteristics of an aluminized gel fuel with an impinging jet injector[C]//38th International Annual Conferece of ICT. Cologne: DLR, 2004.

[21] YANG L J, FU Q F, ZHANG W, et al. Spray characteristics of gelled propellants in novel impinging jet injector[J]. Journal of Propulsion and Power,2013, 29(1): 104-113.

[22] GUGLIELMI J D. Atomization of JP-10/B4C gelled slurry fuel[R]. Naval Postgraduate School Monterey CA,1992.

[23] PADWAL M B, MISHRA D P. Effect of air injection configuration on the atomization of gelled Jet A1 fuel in an air-assist internally mixed atomizer[J]. Atomization and Sprays, 2013, 23(4): 327-341.

[24] FANG Z X, FU Q F, XU X, et al. Spray characteristics of Al-nanoparticle-containing nanofluid fuel in a Y-jet injector[J]. Energetic Materials Frontiers, 2021(2): 249-257.

方子玄，北京航空航天大学宇航学院博士研究生。研究方向为液体射流不稳定性及破裂机理，非牛顿流体流动不稳定性，非线性动力学等。

富庆飞，北京航空航天大学宇航学院研究员、博士生导师，国家优秀青年科学基金获得者。主要研究方向为液体火箭发动机推进剂雾化机理及喷注器动力学，紧密结合航天和海军等国防重大需求，开展常规液体推进剂雾化机理、凝胶等新型推进剂雾化机理、喷注器动力学以及不稳定燃烧等方面基础理论与应用技术的研究。近年来主持国家自然科学基金、教育部博士点基金、航空基金等科研项目 10 余项，以骨干身份参与“973”“863”项目以及其他科研项目的研究工作。在 *Physics of Fluids*、*AIAA Journal*、*Journal of Propulsion and Power* 等流体力学及航空航天动力领域权威期刊发表 SCI 论文 60 余篇，SCI 论文他引 700 余次，申请国家发明专利 16 项（已授权 13 项），出版教材 1 部。获首届航空宇航科学与技术学科全国优秀博士论文、庆祝中华人民共和国成立 70 周年纪念章、2021 年国际液体雾化学会最佳青年研究奖“广安博之奖”（该奖项每两年评选一次，每次全球评选 1 人）等荣誉。

杨立军，北京航空航天大学宇航学院教授、博士生导师，国家杰出青年科学基金获得者、“长江学者奖励计划”特聘教授、国家百千万人才工程入选者、国家“有突出贡献中青年专家”、全国优秀科技工作者、享受国务院政府特殊津贴专家。主持国家自然科学基金重大科研仪器研制、973 计划等各类课题 50 余项。在 *Progress in Energy and Combustion Science*, *Journal of Fluid Mechanics* 等流体、燃烧和航空航天期刊发表高水平论文 150 余篇，授权国家发明专利 50 余项。围绕空天发动机不稳定燃烧控制等国家重大需求，开展液体雾化机理及喷嘴工程应用研究。发现了弯曲模态气液表面波导致液体射流破裂的新机理；破解了液体表面弯曲模态导致破裂这一从流体力学角度一直无法解释的难题；提出了液体破裂雾化“色散分布”模型；有效指导了各类喷嘴设计。根据新发现所发明研制多型喷嘴，应用于我国大推力液体火箭发动机和海军某舰艇等多个国家重大工程中。作为第一完成人获 2017 年度国家技术发明奖二等奖。

空间引力波探测之高温超导磁悬浮亚微牛精度推力测量技术

北京航空航天大学宇航学院

杨文将　赵　鹏　汤海滨

得益于空间互联网星座、微纳卫星、低成本在轨服务技术演示等空间需求的不断增加，空间微推进系统近年来取得了快速发展，在航天器位置保持、主动姿态控制、动量轮卸载、轨道提升、高精度无拖曳控制等任务中发挥着越来越重要的作用。引力波探测是21世纪的重要科学课题，为实现更精确的测量效果，国际上近年来启动了多项空间引力波探测计划，如欧洲的LISA计划、我国的“天琴”计划和“太极”计划。空间引力波探测时，要通过无拖曳控制让航天器成为微重力水平下的高精度和高稳定性超静平台，以保障传感器能够精确识别引力波信号。作为无拖曳控制的关键执行机构，微推力器的输出性能很大程度上制约着无拖曳控制水平，是实现空间引力波探测中无拖曳控制任务的关键，因此空间引力波探测任务对微推力器提出了精度在亚微牛级的推力分辨率要求。但如何在地面精确评估此类推力器的性能是空间引力波探测任务所需要面对的挑战之一，国际上已经初步具备支撑测量该类微推力器性能的能力，而我国的引力波探测计划启动时间晚，相关的微牛级推力测量技术还面临很大差距。本文将介绍一种基于高温超导磁悬浮的亚微牛精度推力测量技术，该技术依托高温超导磁悬浮的抗磁性和自稳定性实现推进系统的悬浮测量，能实现微推力器推力水平、噪声影响等全方位的测量评估。

空间引力波探测

1. 什么是引力波

引力波是最早由爱因斯坦在相对论中提出的一种“宇宙涟漪”概念。爱因斯坦认为宇宙万物都会引起时间和空间的拉伸和压缩，有质量的物体都会产生时空的波动，这种波动就是无处不在的引力波，如同石子落入水中，质量不同的物体产生的引力波影响也不相同。空间引力波极其微弱。例如，一个致密“双星”系统引动的引力波（见图1）仅仅会使2 m长的空间两质点间距离变化约 10^{-21} m（相当于氢原子直径的百亿分之一），这种微不可见的波动很难被观测到，因此引力波在很长一段时间都被认为是假想的。

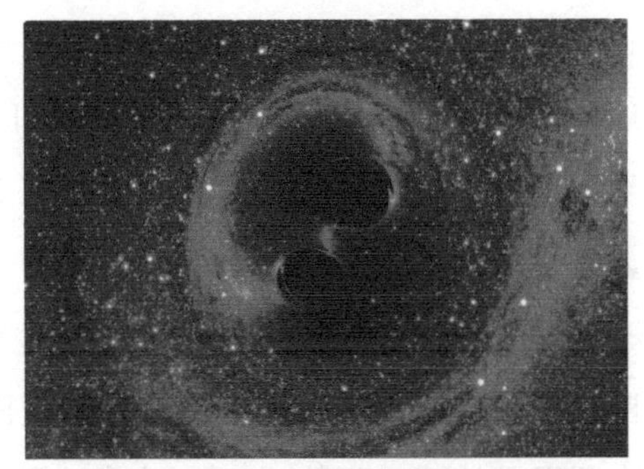

图 1 “双星”系统引动的引力波

直到 2015 年，引力波的假想终于被证实，人类首次观测到了引力波现象。2016 年 2 月，美国激光干涉引力波天文台（LIGO）宣布人类在 2015 年 9 月 14 日首次直接探测到了两个黑洞产生的引力波，这是 21 世纪物理学最重大的发现之一，3 名在引力波探测方面发挥领导作用的物理学家获得了 2017 年诺贝尔物理学奖 [1]。但是遗憾的是，臂长仅 4 km 的激光干涉引力波天文台（见图 2）能够探测的引力波频带是有限的，仅能观测 50 ～ 500 Hz 的高频引力波，低频引力波则需要采用臂长更长的激光观测平台观察。然而，地面上很难容纳下这种尺寸的观测系统，因此科学家们将目光投向太空，设想通过卫星编队或者星座构建大型激光干涉仪以捕捉低频引力波信号。

图 2 激光干涉引力波天文台

2. 空间引力波探测与三星编队

空间引力波探测概念最早于 20 世纪 80 年代被提出。20 世纪 90 年代，首个关于空间引力波探测计划——LISA 计划正式被立项，并由欧洲航天局主导。LISA 计划面对的首要问题是卫星编队，因此在立项之初，经历了四星、六星、三星，探测臂长 500 万千米、100 万千米等多次方案调整，最终选定边长为 250 万千米的等边三角形三星编队方案（见图 3）。三星编队预期部署于地球公转轨道后方约 5 000 万千米的位置，跟随地球围绕太阳运行，其探测器平面与黄道面保持 60° 夹角，探测器平面中心、太阳以及地球之间构成 20° 夹角，整个探测器系统每年绕太阳转动一周。LISA 计划探测的目标是频带范围为 0.1 mHz ～ 1 Hz 的引力波[2-3]。

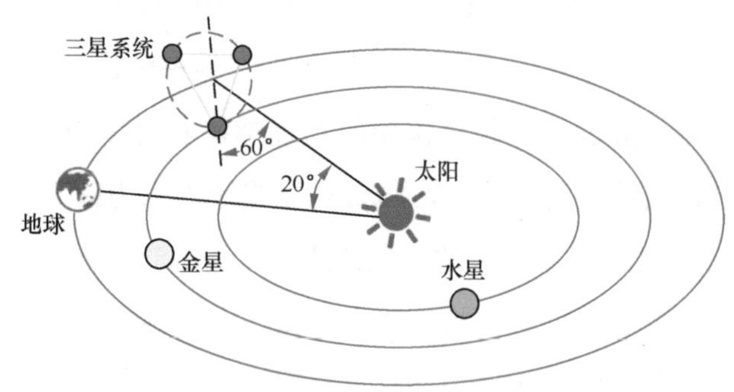

图 3　LISA 计划等边三角形三星编队方案

进入 21 世纪后，空间引力波探测的国际竞争趋于白热化，为了参与这一国际最前沿、最基础的科学研究，中国科学家提出了“天琴”与“太极”两个空间引力波探测计划（见图 4）。2015 年，中山大学发起的“天琴”计划选择在约 10 万千米高的地球轨道上部署 3 颗卫星构成一个边长约为 17 万千米的等边三角形星座，预计 3.6 天环绕地球一周。“天琴”计划的探测目标是银河系致密双星旋近、恒星级双黑洞旋近、大质量双黑洞并合等天体活动产生的频带范围为 10^{-4} ～ 1 Hz 的引力波[4-5]。2016 年，中国科学院也提出一种类似 LISA 计划的“太极”计划，该计划选择在太阳轨道上搭建边长 300 万千米的三星系统[6-7]。值得注意的是，龚云贵教授团队发现“天琴”和“太极”联合观测可以将引力波源空间定位精度提升两个数量级，覆盖更广阔的空间[8]。

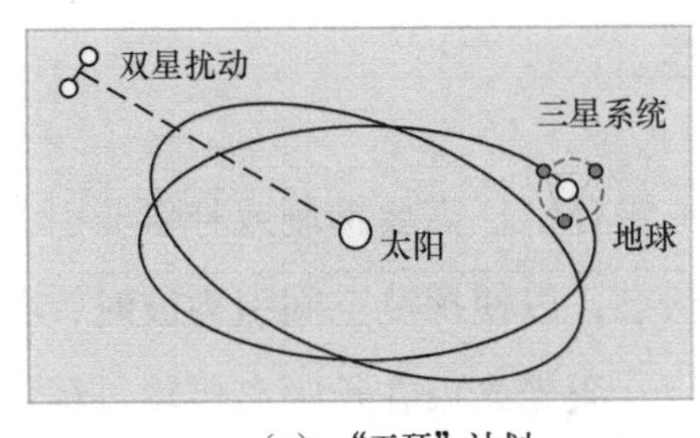

（a）“天琴”计划

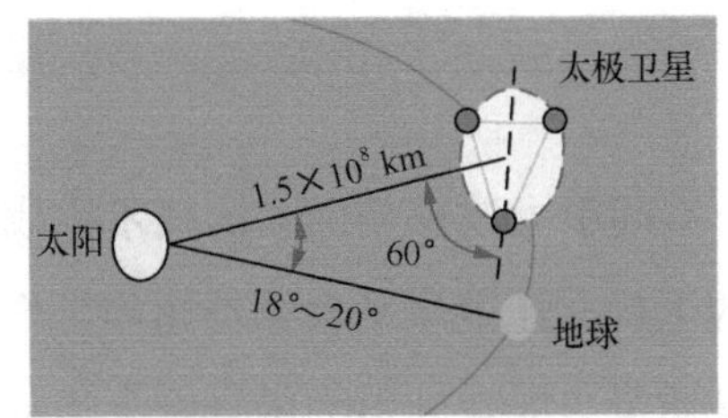

（b）“太极”计划

图 4　中国的空间引力波探测计划

3. 测量原理

空间引力波探测不仅仅需要“三星编队”这样足够长的探测臂，还需要一双非常敏锐的“眼睛”，能够在百万千米的距离内观测到引力波带来的极其微弱的空间波动。目前，LISA 计划、“太极”计划以及“天琴”计划不约而同地选择激光迈克尔逊干涉仪来观测引力波引起的时空波动。一方面，激光频率极高（10^{18} Hz），能够经历百万千米的太空旅行仍被接收卫星捕捉；另一方面极短的波长（10^{-10} m）使其能够识别卫星之间极小的相对位置变化。

图 5（a）所示为三星系统中激光干涉装置的分布情况。每颗卫星既是激光发射装置，也是激光接收装置，三星系统间共同组成了 6 个激光测量回路，单个激光回路为一个迈克尔逊干涉仪，以最大限度地降低测量误差 [3]。图 5（b）所示为迈克尔逊干涉仪的基本原理。

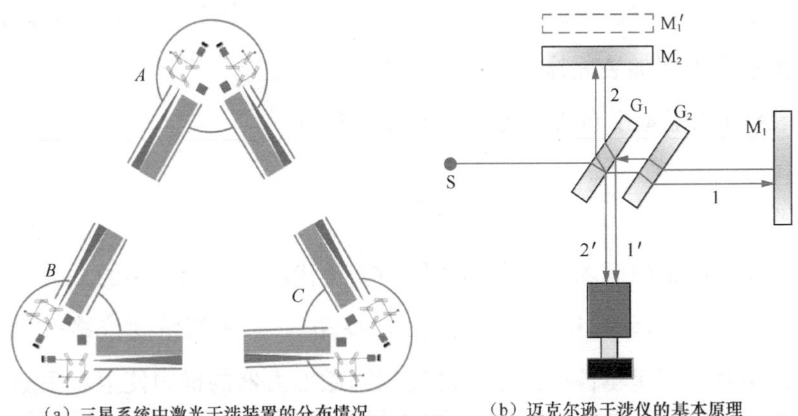

（a）三星系统中激光干涉装置的分布情况　　（b）迈克尔逊干涉仪的基本原理

图 5　三星系统激光干涉测量原理

空间引力波探测面临的技术挑战

空间引力波探测面临的技术挑战主要有：① 需要抑制或补偿非引力因素的干扰，让卫星平台维持超静工作状态，以使探测空间引力波时，各个检验质量只能在纯引力的影响下运动；② 激光光束在长距离传输过程可能会发生特性变化；③ 为了对引力波进行探测，3 颗卫星必须构成并保持高精度的编队，这就需要高精度的轨道测量、确定与控制支持，需要高精度的卫星姿态控制和无拖曳控制；④ 卫星平台本身需要具有极高的稳定性，包括超强的温度控制能力、极高的热稳定性、极低的结构噪声、极高的结构稳定性、极高的磁稳定性等。

1. 为什么需要无拖曳控制

无拖曳控制是利用推力器产生推力来抵消太空环境对卫星力学扰动的技术，使卫星维持超静工作状态，减少激光干涉测量误差。空间引力波探测对卫星平台的控制具有极高的要求。例如，LISA 计划要求将卫星残余加速度控制在 3×10^{-14} m/s^2。但是实际的太空环境并没有想象中的平静，卫星平台受到大气阻尼、太阳光压、宇宙射线等外部环境扰动和结构振动、姿态调节、内部部件运动等自身扰动的限制，其残余扰动加速度在 $1 \times 10^{-5} \sim 1 \times 10^{-3}$ m/s^2，无法满足引力波探测任务的要求，因此需要在卫星平台内部加装无拖曳控制装置以减少对卫星平台的干扰，图 6 所示为 LISA 计划卫星平台无拖曳控制的技术方案 [9]。

2. 无拖曳控制的原理与技术挑战

无拖曳控制的概念最早在 20 世纪 60 年代由斯坦福大学的 Lange 等提出 [10]，以自由运动的检验质量作为惯性基准，采用高精度位移检测技术测量其相对于卫星本体的运动，通过控制微推力器的推力使卫星跟随检验质量运动，图 7 所示为无拖曳控制的原理。原理看似简单，但是真正实现卫星无拖曳控制却面临重重技术挑战。

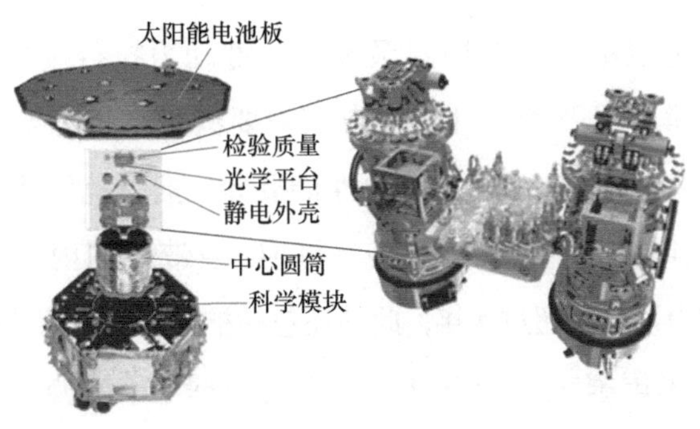

图 6　LISA 计划卫星平台无拖曳控制的技术方案

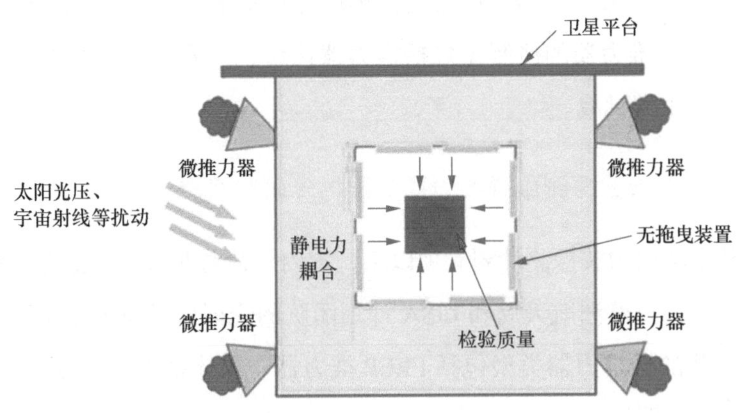

图 7　无拖曳控制的原理

（1）高精度位移检测技术

由于卫星无拖曳控制的加速度在 $1\times10^{-15}\sim1\times10^{-14}\ \mathrm{m/s^2/Hz^{1/2}}$，因此对位移或者加速度的测量精度提出了很高要求。科学家们针对无拖曳位移检测研发出 SQUID、光学、电容等多种传感器，但直到 2014 年，LISA 计划的光学传感器和电容传感器才使测量精度达到 $3\times10^{-14}\ \mathrm{m/s^2/Hz^{1/2}}$[11]。

（2）亚微牛级微推力器的研制

由于太阳光压、宇宙射线等外部环境扰动很小，因此无拖曳控制也要求推力器输出高精度的推力来抵消外界干扰，一般来讲，推力的分辨率需要达到 0.1 μN。

3. 微推力器研制的挑战与指标情况

微推力器是卫星无拖曳控制系统的关键动力执行装置，因此在推力范围、推力分辨率以及噪声性能等方面需要满足高指标要求。LISA 计划最早提出空间引力波探测推力器的性能要求：推力范围为 25 ～ 150 μN，推力分辨率达到 0.1 μN，在 1 mHz ～ 1 Hz 频带范围内的噪声水平低于 0.1 $\mu N/Hz^{1/2}$，推力器寿命超过 4 年，此外还包括推力器的周期性操作等指标 [12]。2020 年度，我国国家重点研发计划“引力波探测”重点专项中也给出了亚微牛级推力器的性能指标：推力范围为 0 ～ 200 μN，推力分辨率达到 0.1 μN，在 0.1 mHz ～ 1 Hz 频带范围内的噪声水平低于 0.1 $\mu N/Hz^{1/2}$。这些高性能指标使推力器的研制（包括推力器选型、工质以及推力输出控制等方面）面临很大挑战。

4. 空间引力波探测中微推力器的国内外研究情况

自从空间引力波探测计划立项以来，国内外针对亚微牛级推力器的研究从未停歇，经过欧洲航天局和 LISA 计划团队的论证，目前可以应用于空间引力波探测的微推力器类型包括 FEEP 推力器、胶体推力器、冷气推力器、射频离子推力器等。

FEEP 推力器是以金属液体作为工质的场发射推力器，研究主要集中在欧洲的意大利、奥地利等国家 [13]。20 世纪 90 年代，意大利的 Centrospazio 实验室针对窄缝式铯 FEEP 推力器展开研究，直到 2000 年 Alta 公司才研制出 FEEP-5 和 FEEP-150 等微推力器成品（见图 8）[14-15]，并于 2005 年完成飞行样机鉴定。其中，FEEP-5 可以实现 1 ～ 100 μN 的推力，FEEP-150 可以实现 1 ～ 150 μN 的推力，且比冲高达 4 000 s。奥地利的 ARCS 公司则主要开展铟 FEEP 推力器的研究，研制出 FEEP-25、FEEP-100 等多种 InFEEP 样机 [13]。

(a) FEEP-5[14]

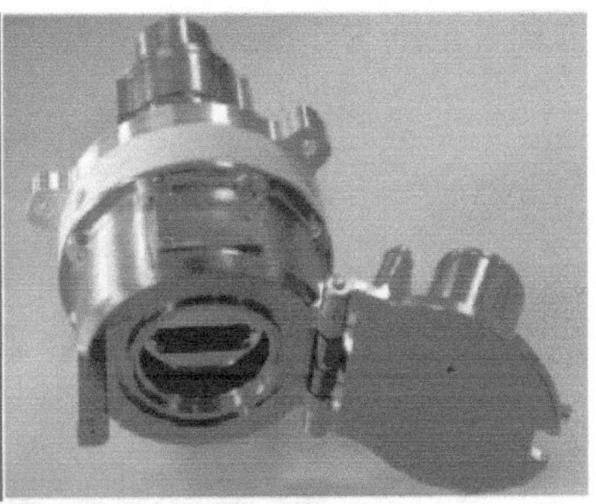

(b) FEEP-150[15]

图 8　意大利 Alta 公司的 FEEP 推力器

与 FEEP 推力器类似，胶体推力器是采用非金属工质的场发射推力器。2008 年，美国 BUSEK 公司向 LISA 计划提交了由 ST7-DRS 胶体推力器组成的推力器集簇平台（见图 9），每个集簇平台由 8 个推力器组成 [16]。2015 年，搭载 ST7-DRS 胶体推力器的 LISA 技术验证星进行了飞行测试，之后在 2017 年至 2018 年完成了位移精度小于 10 nm/Hz$^{1/2}$ 的无拖曳控制，在 90 天对惯性检测质量的持续测量中实现优于 0.1 μN/Hz$^{1/2}$ 的噪声水平。

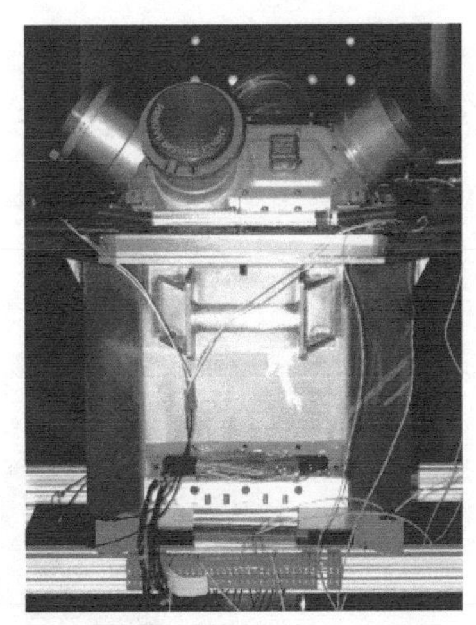

图 9　ST7-DRS 胶体推力器集簇平台 [16]

冷气推力器是一种结构简单且技术成熟的推力器，推力调节范围广且噪声低。在空间引力波任务牵引下，冷气推力器推力精度也逐渐达到微牛级。2016 年，欧洲航天局发射的 LISA Pathfinder 卫星平台，布置了 12 台微牛级冷气微推力器，实现了小于 3×10^{-14} m/s^2/Hz$^{1/2}$ 的残余加速度噪声 [9]。2019 年 12 月，中国“天琴”一号卫星搭载的冷气推力器（见图 10）实现在轨验证 [13]，成功通过冷气推力器的闭环调控实现无拖曳控制，冷气推力器推力分辨率约为 0.1 μN，推力调节范围为 1 ～ 60 μN，噪声水平在 0.1 mHz 时优于 0.3 μN/Hz$^{1/2}$。

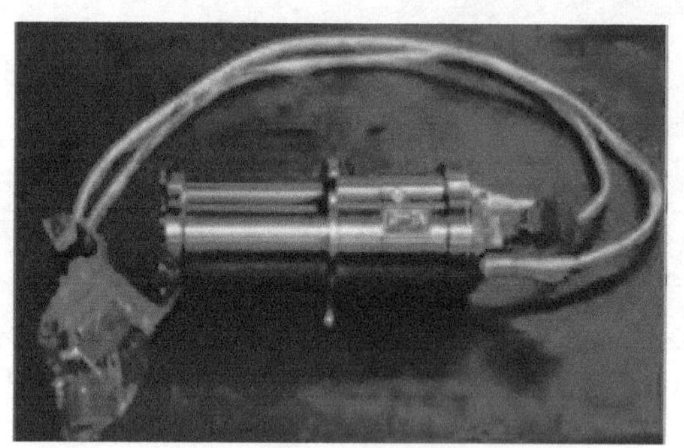

图 10　“天琴”一号卫星搭载的冷气推力器 [13]

射频离子推力器是一种利用射频天线在放电室产生感应电流并加速电离工质的推力器。该推力器在空间引力波探测任务牵引下，由德国吉森大学研制出 RIT-4（见图 11）和 RIT-2 两种型号的推力器，可以输出 10 μN 推力 [17]。2019 年 8 月中国“太极”一号引力波验证卫星也搭载中国自研的射频离子推力器进行在轨试验验证，实现了 1.5 ～ 60 μN 的推力调节，噪声低于 0.2 μN/Hz$^{1/2}$，分辨率为 0.5 μN，响应时间小于 50 ms，比冲大于 60 s[18-19]。

图 11　RIT–4 射频离子推力器

为什么研究亚微牛精度推力测量技术

精准确定微推力器的推力性能是实现卫星平台无拖曳控制的前提，但是微推力器产生的推力极小，很难被传统的传感器识别，因此需要专门研制亚微牛精度的推力测量技术。一般人对于亚微牛的力并没有概念，打个比方，一根 1 cm 长的头发放在手上会产生约 2 μN 的力，0.1 μN 则约是这根头发 1/20 的重量，这意味着我们呼吸产生的力都远大于它，因此亚微牛精度推力测量非常容易受到环境与测量噪声影响，技术难度很大。

1. 指标需求

推力测量技术的指标一般依据微推力器的性能而定。2021 年度，我国国家重点研发计划“引力波探测”重点专项申报指南要求建立满足微牛级推力器性能测试与评估的微牛级推力标定与测试系统，推力测量范围 0 ～ 200 μN，测量频带范围为 0.1 mHz ～ 1 Hz，推力测量精度不大于 0.1 μN，噪声小于 0.1 $\mu N/Hz^{1/2}$，最大承载质量不小于 6 kg，具备满足不少于 2 种微牛级推力器标定和性能测试需求的兼容性。

高精度、低噪声、长寿命的性能指标是亚微牛精度推力测量面临的严峻挑战，国际上已经初步具备支撑测量该类微推力器性能的能力，而我国的空间引力波探测计划启动时间晚，相关的亚微牛精度推力测量技术还面临较大差距。

2. 亚微牛精度推力测量技术的国内外发展

亚微牛精度推力测量技术是伴随亚微牛级推力器的出现而发展的，21 世纪以来，国内外针对不同种类的微推力器推力测量需求，相应地开发出多种不同结构的推力测量装置，其中应用较为广泛的几种结构是枢轴扭摆结构、悬丝扭摆结构和电磁悬浮结构等。

（1）枢轴扭摆结构微推力测量装置

枢轴扭摆结构是一种利用弹性枢轴作为摆动敏感元件的微推力测量结构。早期，枢轴扭摆结构微推力测量装置多是针对毫牛量级的推力器而设计，后来在空间引力波探测任务的驱动下，各国针对枢轴扭摆台架的研究逐渐向亚微牛量级靠拢。例如，美国 BUSEK 公司、美国佛罗里达大学以及国内的北京航空航天大学、中国科学院力学所等机构都对亚微牛级枢轴扭摆结构微推力测量装置展开过深入研究[20-24]。图 12 所示为北京航空航天大学的亚微牛级枢轴扭摆结构微推力测量装置，它能够实现 0.1 μN 的测量分辨率以及 0～200 μN 的推力测量范围，且在 10 mHz ~ 5 Hz 频带范围内的噪声水平低于 0.1 $\mu N/Hz^{1/2}$。亚微牛级枢轴扭摆微推力测量装置的测量精度多取决于枢轴的扭转刚度 [要求刚度在 1×10^{-3} N•m/(°) 及以下量级][22]。

图 12　北京航空航天大学亚微牛级枢轴扭摆微推力测量装置

（2）悬丝扭摆结构微推力测量装置

悬丝扭摆结构微推力测量装置顾名思义是利用一根或多根悬丝作为摆动敏感元件的微推力测量结构。根据不同的测量需求，悬丝可采用钨丝、硅纤维等多种类型。

美国国家航空航天局戈达德太空飞行中心较早提出了将悬丝扭摆结构微推力测量装置应用于空间引力波计划推力器性能评估。2002 年，该机构针对 LISA 计划研制了一种采用钨丝的悬丝扭摆结构微推力测量装置（见图 13），基本满足了测量指标需求[25]。国内的中国科学院力学所、华中科技大学等机构也相继研制出悬丝扭摆结构微推力测量装置[26-27]。悬丝扭摆结构微推力测量装置结构简单、易于安装且灵敏度较高，但是悬丝材料会限制扭摆的承载能力以及摆动范围。一般来讲，在保证摆丝性能的前提下，单根钨丝的承受能力仅有几千克。

图 13 美国戈达德太空飞行中心的悬丝扭摆结构微推力测量装置

（3）电磁悬浮结构微推力测量装置

电磁悬浮结构微推力测量装置是利用电磁力替代传统的枢轴、悬丝等机械连接方式来实现微牛级力的测量。利用电磁线圈产生磁场与永磁体相互作用产生悬浮力，使整个推进装置处于悬浮支撑状态，可以有效排除推力器自重、推进剂及电力供应过程中的内力干扰问题，具有无接触、高精度等优点。目前，主要有美国麻省理工学院、美国 Busek 公司、美国亚拉巴马大学等机构在开展基于磁悬浮的微小推力测量技术研究 [28-30]。2008 年，Busek 公司开发了电磁吸浮式微推力测量装置，用于 LISA 计划所使用胶体推力器的推力测量，该测量装置采用闭环反馈控制的零位测量方法测得胶体推力器的推力范围为 5 ～ 30 μN，在 1 mHz ～ 4 Hz 频带范围内的噪声水平低于 0.1 $\mu N/Hz^{1/2}$，满足了 LISA 项目对微推力器性能评估的需求 [29]。

高温超导磁悬浮亚微牛精度推力测量技术进展

高温超导磁悬浮微推力测量装置是一种较为新颖的亚微牛精度推力测量方案，是高温超导磁悬浮轴承在微推力测量领域的应用。该装置通过超导体与永磁体相互作用实现，具有自稳定性以及承载能力强等特点。

1. 高温超导磁悬浮原理

高温超导磁悬浮微推力测量装置利用的是高温超导磁悬浮轴承提供的悬浮力和稳定性，不需要电磁悬浮结构中的磁力闭环控制系统。高温超导磁悬浮轴承通过抗磁性与磁通钉扎效应耦合实现自稳定悬浮。

抗磁性即迈斯纳效应是超导体从一般态进入超导态的过程中对磁场的排斥现象。也就是说，超导体处于超导态时，体内的磁场恒等于零，这种排斥作用提供了高温超导磁悬浮轴承大多数的悬浮力。图 14 所示为永磁体在超导体排斥力作用下实现的悬浮状态。

图 14　超导抗磁悬浮

磁通钉扎效应是指当超导材料进入超导态后，由于高温超导体中存在杂质、空洞和晶格畸变等各类缺陷，一部分磁场就以磁通量子的形式钉扎在超导体内部，这些缺陷被称为钉扎中心，超导体内部磁通和外部磁通之间的作用力就称为磁通钉扎力，这种磁通钉扎力保证了高温超导磁悬浮轴承的悬浮稳定性。圆柱形永磁体在抗磁性和磁通钉扎效应作用下实现自稳定悬浮，当圆柱形永磁体绕轴向旋转时，被超导体钉扎的磁场变化很小，因此定轴转动自由度上的转动阻力极小。

2. 高温超导磁悬浮轴承

高温超导磁悬浮轴承就是利用“永磁－超导”系统的自稳定悬浮原理研制的。1987 年世界上第一种实用型高温超导体——YBCO 研制成功，该永磁体可以实现的悬浮力密度高达 10 N/cm^2，刚度也可达到 10^4 N/m，悬浮摩擦损耗可低至 10^{-6} 以下。基于这些优越的悬浮特性，世界上多个国家都在积极开展高温超导磁悬浮轴承的研发工作，根据结构的不同，高温超导磁悬浮轴承大致可以分为轴向高温超导磁悬浮轴承和径向高温超导磁悬浮轴承（见图 15）[31]，两类轴承各有所长。

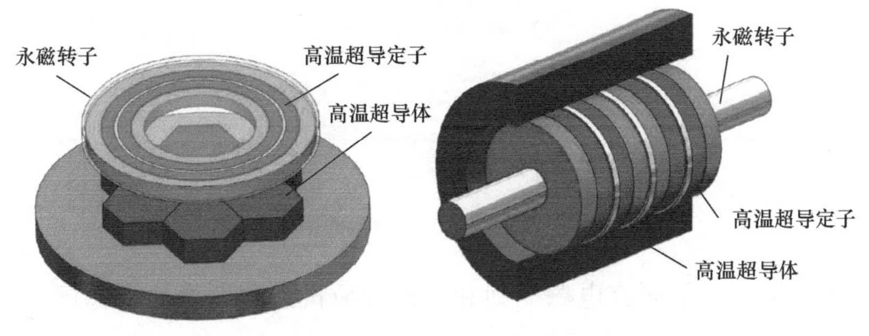

图 15　高温超导磁悬浮轴承

轴向高温超导磁悬浮轴承由永磁转子和置于永磁转子下方的高温超导定子组成，具有良好的轴向承载、轴向刚度和低转动损耗。径向高温超导磁悬浮轴承一般为套筒型结构，超导体作为定子为圆筒形结构。径向高温超导磁悬浮轴承结构紧凑，径向承载和径向刚度较高且能实现较大的轴向偏移。两类高温超导磁悬浮轴承都具有自稳定性及低损耗等优良特性，目前在飞轮储能、动量轮以及高精度测量等领域得到广泛的应用。

3. 高温超导磁悬浮微推力测量

高温超导磁悬浮微推力测量原理：如图 16 所示，推力器安装在永磁转子一侧，推力器的推力作用在永磁转子上形成扭转力矩，在接近无摩擦的环境下使永磁转子转动，根据角度偏移量并基于角动量原理可得到推力大小。

目前世界范围内仅有德国德累斯顿工业大学、北京航空航天大学等少数研究机构从事高温超导磁悬浮微推力测量装置的研究。

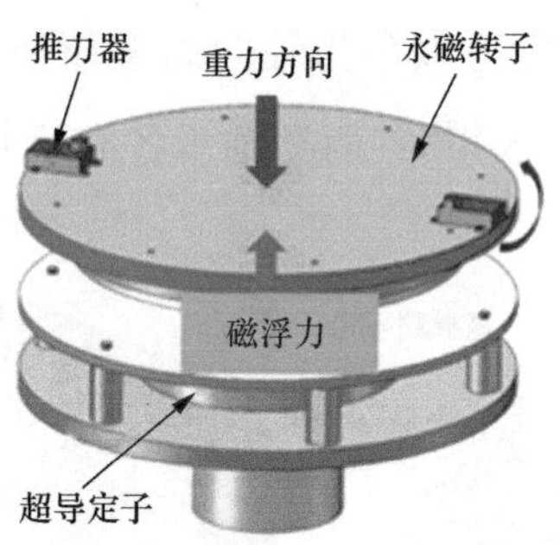

图 16　高温超导磁悬浮微推力测量原理

2019 年，为了研究电磁驱动和马赫效应推进器的概念，德国德累斯顿工业大学设计了一种使用高温超导磁悬浮轴承的旋转式微推力测量装置（见图 17）[32]，该测量装置以周向摩擦力接近于零的高温超导磁悬浮轴承为基座，推力器点火推动悬浮动架旋转，通过测量悬浮动架的角速度变化计算推力。该高温超导磁悬浮轴承的最大轴向载荷能力为 22 kg，比同等尺寸下的电磁悬浮轴承高一个数量级，采用光学编码器追踪角度位置，测量精度可达 0.005°。

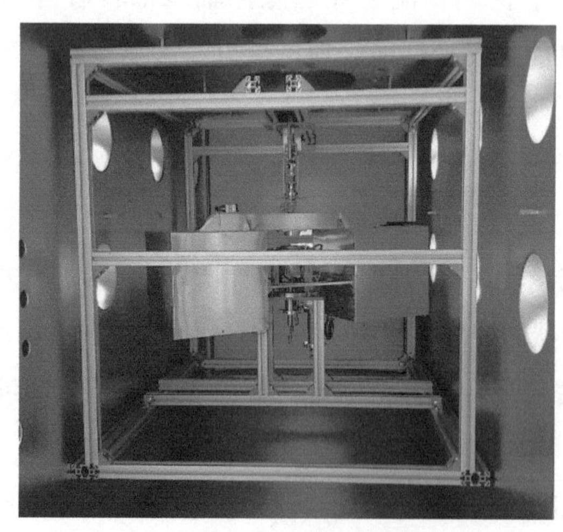
图 17　旋转式微推力测量装置

2019 年，北京航空航天大学杨文将课题组设计了一种基于高温超导磁悬浮轴承的微小推力测量装置［见图 18(a)］[33]，利用转动测量法和摆动测量法对某型号的固体冷气推力器进行推力测试，实现了 0 ～ 100 mN 的测量范围和 1 mN 的推力分辨率。

2021 年，杨文将课题组在原有测量装置的基础上进行改进，实现了一种基于 Evershed 复合高温超导磁悬浮轴承的亚微牛精度推力测量装置 [见图 18(b)][34]，引入永磁偏置轴承实现有效卸载和转动惯量降低，实现了 1 μN 的推力分辨率，完成了亚微牛级离子液电喷雾推力器的推力性能测试工作。

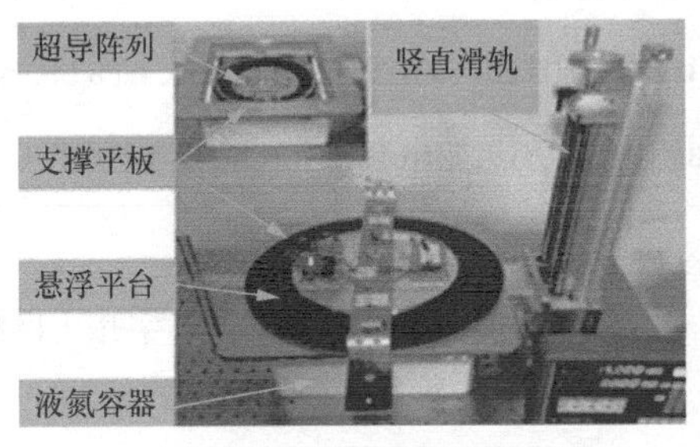

（a）基于高温超导磁悬浮轴承的微小推力测量装置

（b）基于Evershed复合高温超导磁悬浮轴承的亚微牛精度微推力测量装置

图 18　北京航空航天大学的超导磁悬浮微推力测量装置

结语

自 2015 年人类正式观测到引力波以来，空间引力波探测的国际竞争趋于白热化。采用传统微推力测量技术的枢轴扭摆、悬丝扭摆等结构的微推力测量装置依然面临承载有限、功能单一等问题，而高温超导磁悬浮微推力测量是一个有望解决这些问题且功能多样的全新技术。高温超导磁悬浮微推力测量装置能够在满足大承载、高灵敏要求的同时具备良好的动力学解耦能力，同时该技术还有望进一步实现对卫星姿态控制和充电效应的性能评估，目前仅有北京航空航天大学、德国德累斯顿工业大学等少数研究机构从事该方向研究。相信随着关键技术的不断突破，高温超导磁悬浮微推力测量能够得到更大的应用空间，支撑卫星编队、引力波探测等空间任务的实现。

参考文献

[1] CASTELVECCHI D. Gravitational wave detection wins physics Nobel[J]. Nature, 2017, 550(7674). DOI: 10.1038/nature.2017.22737.

[2] Gravitational Observatory Advisory Team. ESA-L The 3 gravitational wave mission final report［R］. 2016.

[3] JENNRICH O. LISA technology and instrumentation[J]. Classical & Quantum Gravity, 2009, 26(15). DOI: 10.1088/0264-9381/26/15/153001.

[4] 罗俊, 艾凌皓, 艾艳丽, 等. 天琴计划简介[J]. 中山大学学报（自然科学版）, 2021, 60(1): 1-19.

[5] LUO J, CHEN L S, DUAN H Z, et al. TianQin: a space-borne gravitational wave detector[J]. Classical & Quantum Gravity, 2015, 33(3). DOI: 10.1088/0264-9381/33/3/035010.

[6] 罗子人, 张敏, 靳刚, 等. 中国空间引力波探测“太极计划”及“太极1号”在轨测试[J]. 深空探测学报, 2020, 7(1): 3-10.

[7] HU W R, WU Y L. The Taiji Program in Space for gravitational wave physics and the nature of gravity[J]. National Science Review, 2017, 4(5): 685-686.

[8] 吴纯新, 刘志伟, 高翔, 等. “天琴”+“太极”+LISA 三大计划联合锁定引力波[N]. 科技日报, 2021-09-28.

[9] SCHLEICHER A, ZIEGLER T, SCHUBERT R, et al. In-orbit performance of the LISA Pathfinder drag-free and attitude control system[J]. CEAS Space Journal, 2018, 10(4): 1-15.

[10] LANGE B. The drag-free satellite[J]. AIAA Journal, 1964, 2(9):

1590-1606.

[11] 李洪银, 叶小容, 刘佳恒, 等. 天琴无拖曳控制研究的关键问题[J]. 中山大学学报: 自然科学版, 2021, 60(1-2): 213-224.

[12] ZIEMER J K, MARRESE-READING C, ARESTIE S, et al. Progress on developing LISA microthruster technology[C]// AIAA Propulsion and Energy 2020 Forum. Reston, VA: AIAA, 2022. DOI: 10.2514/6.2020-3609.

[13] 于达仁, 牛翔, 王泰卜, 等. 面向空间引力波探测任务的微推进技术研究进展[J]. 中山大学学报: 自然科学版, 2021, 60(1-2): 194-212.

[14] NICOLINI D, CHESTA E, AMO J, et al. FEEP-5 thrust validation in the 10-100n range with a simple nulled-pendulum thrust stand: integration procedures[C]// 27th International Electric Propulsion Conference. Paris: ESA, 2001. DOI: US20080290955 A1.

[15] PAITA L, CECCANTI F, SPURIO M, et al. Alta's FT-150 FEEP Microthruster: development and qualification status[C]// The 31st International Electric Propulsion Conference, 2009.

[16] HRUBY V, SPENCE D, DEMMONS N, et al. ST7-DRS Colloid Thruster System Development and Performance Summary[C]// 44th AIAA/ASME/SAE/ASEE Joint Propulsion Conference & Exhibit. Reston, VA: AIAA, 2008. DOI: 10.2514/6.2008-4824.

[17] FEILI D, LOEB H W, SCHARTNER K H, et al. Performance mapping of new μN-RITs at Giessen[C]// 29th International Electric Propulsion Conference, 2005: 1-7.

[18] 马隆飞, 贺建武, 杨超, 等. 微牛级射频离子推力器结构优化研究[J]. 推进技术, 2021, 42(2): 474-480.

[19] 贺建武, 马隆飞, 杨超, 等. 太极一号射频离子微推力器地面测试与评估[C]//第十六届中国电推进学术研讨会-大会特邀报告, 2020.

[20] GAMERO-CASTANO M. A torsional balance for the characterization of microNewton thrusters[J]. Review of Scientific Instruments, 2003, 74(10): 4509-4514.

[21] SONI J, ROY S. Design and characterization of a nano-Newton resolution thrust stand[J]. Review of Scientific Instruments, 2013, 84(9): 27-120.

[22] ZHANG Z K, HANG G R, QI J Y, et al. Design and fabrication of a full elastic sub-micron-Newton scale thrust measurement system for plasma micro thrusters[J]. Plasma Science and Technology, 2021(10): 29-39.

[23] 杨超, 贺建武, 康琦, 等. 亚微牛级推力测量系统设计及实验研究[J]. 中国光学, 2019, 12(3): 526-534.

[24] ZHOU W J, HONG Y J, CHANG H. A microNewton thrust stand for average thrust measurement of pulsed microthruster[J]. Review of Scientific Instruments, 2013, 84(12). DOI: 10.1063/1.4850637.

[25] WILLIS W, ZAKRZWSKI C M, MERKOWITZ S M. Development of a thrust stand to meet LISA mission requirements[J]. New Directions for Student Services, 2002. DOI: 10.1002/ss.37119967608.

[26] 马隆飞, 贺建武, 薛森文, 等. 双丝扭秤微推力测量系统[J]. 推进技术, 2018(4): 948-954.

[27] YANG Y X, TU L C, YANG S Q, et al. A torsion balance for impulse and thrust measurements of micro-Newton thrusters[J]. Review of Scientific Instruments, 2012, 83(1). DOI: 10.1063/1.3675576.

[28] HICKS F M. Spacecraft charging and attitude control characterization of electrospray thrusters on a magnetically levitated testbed[R]. 2017.

[29] HRUBY V, SPEN CE D, DEMMONS N, et al. ST7-DRS colloid thruster system development and performance summary[C]//44th

AIAA/ASME/SAE/ASEE Joint Propulsion Conference & Exhibit. Reston, VA: AIAA, 2008. DOI: 10.2514/6.2008-4824.

[30] PATEL A, LINEBERRY D M, CASSIBRY J T, et al. Measurement of micro-thruster performance characteristics using a magnetically levitating thrust stand[C]//52nd AIAA/SAE/ASEE Joint Propulsion Conference. Reston, VA: AIAA, 2016. DOI: 10.2514/6.2016-4934.

[31] MIRYALA M. High-Tc superconducting technology towards sustainable development goals[M] Singapore: Jenny Stanford Publishing, 2022.

[32] NEUNZIG O, KSSLING M, WEIKERT M, et al. Characterization of a rotational thrust balance for propellantless propulsion concepts utilizing magnetic levitation with superconductors[C]// International Electric Propulsion Conference. Vienna, 2019.

[33] YANG W, JI Y, YE M, et al. A micro-force measurement system based on high-temperature superconducting magnetic levitation[J]. Measurement Science and Technology, 2019, 30(12):125020.

[34] DERKAOUI F, LIU Z X, YANG W J, et al. Design and research of magnetically levitated testbed with composite superconductor bearing for micro thrust measurement[J]. Plasma Science and Technology, 2021, 23(10): 92-101.

杨文将，北京航空航天大学宇航学院副教授、博士生导师，北航宁波创新研究院特聘研究员。研究方向为超导磁体与空天电推进技术。主持国家自然基金青年项目和面上项目各 1 项、军委科技委 H863 项目 3 项，在 *Superconductor Science and Technology* 等国内外期刊及学术会议上发表论文 80 余篇，其中 SCI 收录 40 余篇，累计引用 200 余次。授权国家发明专利 20 余项，获国防科学技术进步奖三等奖 1 项（排名第 2）和军队科技进步奖二等奖 1 项（排名第 1）。

赵鹏，北京航空航天大学宇航学院博士研究生。研究方向为超导磁悬浮微推力测量技术。

汤海滨，北京航空航天大学宇航学院教授、博士生导师，航天器设计优化与动态模拟技术教育部重点实验室副主任，北京航空航天大学空天智能电推进技术（航天）专业负责人，中国航天第三专业信息网电推进技术专业委员会副主任委员，中国宇航学会电推进专业委员会委员，国防科工局基础科研“十四五”规划专家组成员。长期致力于空间先进电推进基础科学和应用技术研究，发表高水平文章 100 多篇，出版英文专著一部，科研成果成功应用于我国空间站、东方红三号 B 卫星平台和东方红五号卫星平台等多项重大任务型号。

从“海市蜃楼”到燃烧热释放率测量技术

北京航空航天大学宇航学院

梁炫烨　张　玥　李敬轩　杨立军

早在北宋时期，沈括就曾在《梦溪笔谈》中描写过海市蜃楼的景象，宫殿居室、台阁景观出现在半空，甚是玄妙。近现代以来，随着科学技术的逐步发展，人类才认识到海市蜃楼是因为光被空气折射而使别处的物体变成了眼前的“像”，如图 1 所示。除此之外，夏天地面附近扭曲的物体，放在水里“折断”的筷子也是光的折射造成的。

图 1　海市蜃楼

在充分认识光波传递特性的基础上，本文从生活中的折射效应出发，介绍基于密度信息实现间接测量燃烧热释放率的方法。这种测量方法的原理不局限于预混燃烧模式，有望应用到真实发动机中。

折射效应的测量技术

折射的本质是因为光在不同的介质中，传播速度不同，折射率也不同，且两者遵循反比的规律，即介质折射率越大，光在该介质中传播的速度就越小，反之亦然。因此当光线斜向穿过不同折射率的介质时，光线会发生偏转。当我们观察水池中的鱼时，由于光线折射现象，我们所观察到的鱼像位置要比实际鱼的位置高。这时我们观测到的鱼像（见图 2）不仅包含了原本鱼的形状信息，还携带了光线传播路径上空气和水的折射率的信息。那么我们是否能通过分析我们所观测到的像将空气和水的折射率信息反演出来呢？不少学者针对这一现象展开了深入的研究。

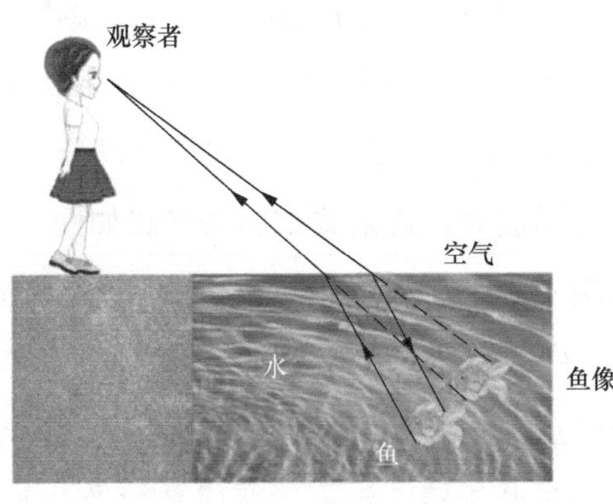

图 2　折射视觉原理

17 世纪，英国科学家罗伯特・胡克最早发现了这一现象，并探索了两种光源照明形式（平行光和非平行光）；19 世纪中期，德国物理学家奥古斯特・托普勒受光源照明形式的启发，将这种方法应用于可压缩流场可视化领域，对这种流动显示技术进行了详细的阐述 [1]，并将非平行光照明的显示方法称为阴影法，平行光照明的显示方法称为纹影法。

阴影法是将非平行光直接照在介质上，并在后方直接用接收器接收阴影图像的方法。如图 3 所示，左侧通过一个狭缝产生非平行光，右侧采用屏幕接收光线，将待测介质放置在光线和屏幕中间，当介质内部的折射率分布不均匀（即存在折射率梯度）时，原本传播路径上的光线会发生偏转（传

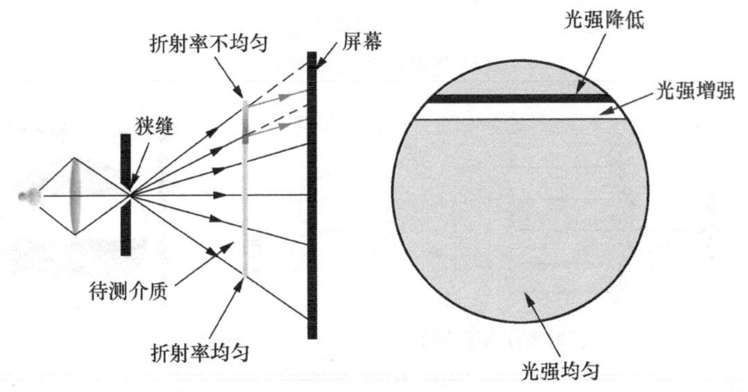

图 3　阴影法原理

播路径由虚线变为棕色线），光线发生偏转之后其照射在屏幕上的位置也会发生偏移，导致原本成像位置的光强会降低，而其偏转后成像位置的光强会增强，因此可以用成像区域的明暗分布来定性分析介质的折射率分布[2]。

基于平行光测量的纹影法根据光路不同又可以分为透射式纹影法、反射式纹影法、彩虹纹影法等。透射式纹影法光路如图 4（a）所示[3]，凸透镜 1 和凸透镜 2 相距一定距离放置在同一高度上；光源位于凸透镜 1 的左侧焦点处；测量段（待测介质）位于两个透镜之间；刀口位于透镜 2 的右侧焦点上，且遮挡焦点上一半光线；相机放置在刀口右方用来接收图像信息。光源发出的光经过凸透镜 1 汇聚后变成平行光，平行光进入测量段，如果测量段中不存在待测介质，那么光线传播方向不受影响，光源在相机上呈现一片白色光斑。如果测量段存在待测介质，则根据待测介质的折射率分布，穿过其中的平行光会发生偏折，此时刀口遮挡光线的程度就会发生变化，光线向上偏转时，刀口遮挡的光变少，光线向下偏转时，刀口遮挡的光变多。由于刀口的遮挡，相机上不同位置接受的光强也会发生变化，则根据相机上的光强分布可以判断待测介质的折射率分布［见图 4（b）］[2]。

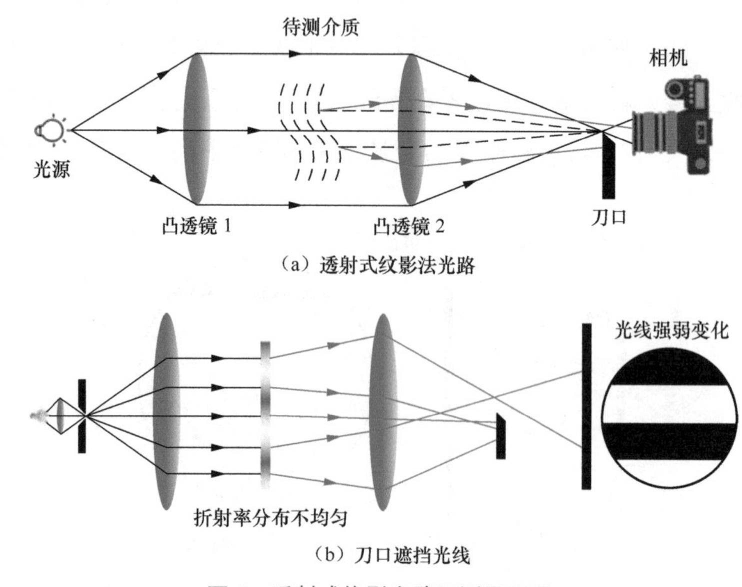

（a）透射式纹影法光路

（b）刀口遮挡光线

图 4　透射式纹影光路及测量原理

反射式纹影法是将透射式纹影法中产生平行光及汇聚平行光的两个凸透镜换为两个具有相同功能的凹面镜，其余测量装置及原理不变[3]；彩虹纹影法则是将纹影光路中的刀口替换为彩色胶片，用颜色分布代替刀口来对待测介质的折射率梯度进行显示，如图 5 所示[4]。

纹影法因其对折射率梯度的敏感性及直观性被广泛应用于流场可视化领域。采用纹影法不仅可以观测到火焰本身形态及其折射率梯度分布，还可以观测到周围热气体形态及折射率分布，从而将肉眼看不到的东西可视化，如图 6 所示。纹影法测量装置的视场受限于成像透镜或反射镜的大小，难以对大视场介质进行测量，且这种测量方法的定量测量精度不高，常用于定性观测。

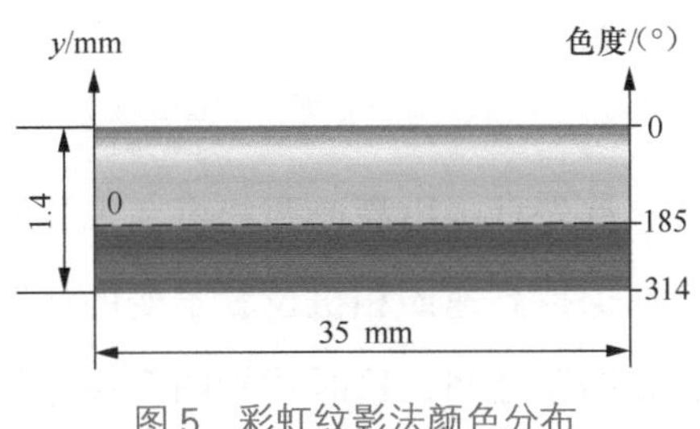

图 5　彩虹纹影法颜色分布

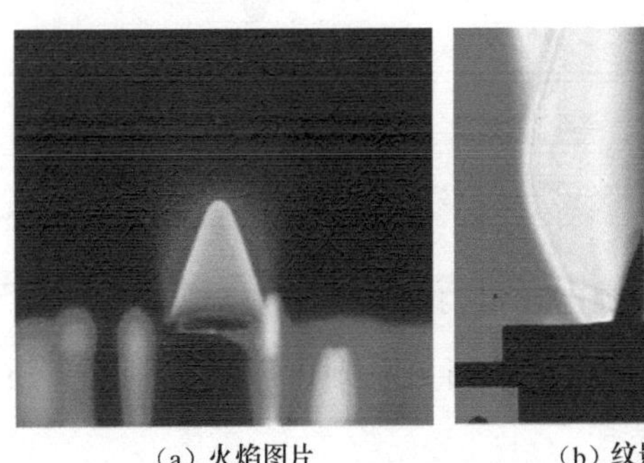
（a）火焰图片　　（b）纹影图片

图 6　火焰及其纹影图片

随着计算机技术及图像处理技术的发展，人们将传统纹影法和图像处理技术相结合，进一步提升了这种测量方法的定量测量能力。2000 年，英国的 Dalziel 首次将这两种方法相结合发明了一种新的测量方法，叫作背景纹影法（Background Oriented Schlieren, BOS）[5]。如图 7 所示，背景纹影法测量装置由 LED 光源、聚光透镜、背景图案和高速照相机组成，待测介质放置在背景图案和高速照相机之间。

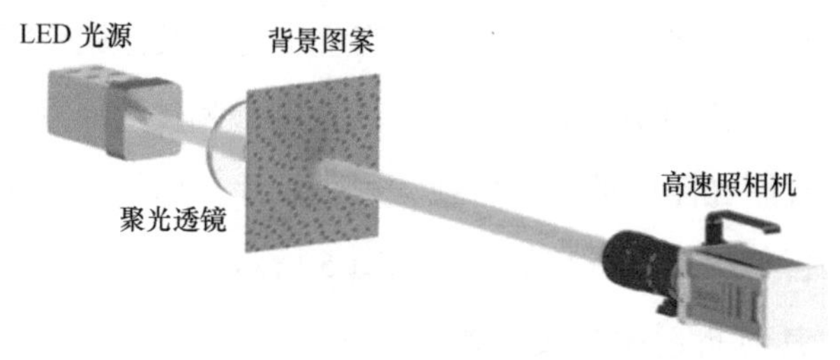

图 7　背景纹影法测量装置

首先直接用高速照相机在未放置待测介质的情况下拍摄背景图案，然后在保持高速照相机位置不变的情况下，将待测介质放置在高速照相机和背景图案之间，这时背景图案穿过待测介质后发生了扭曲（见图 8）。

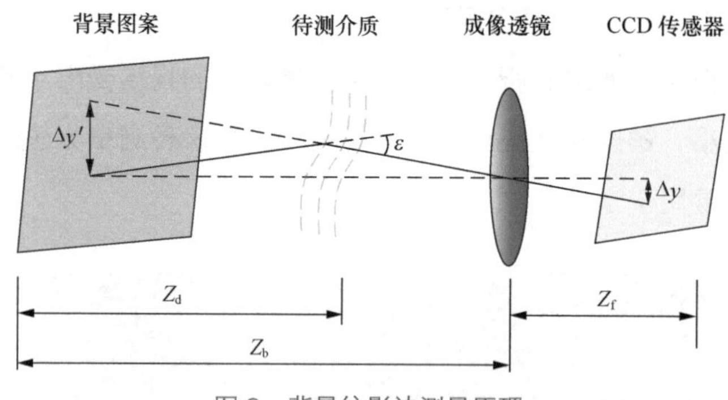

图 8　背景纹影法测量原理

通过计算机对前后两幅图像进行对比，就可计算得出由于待测介质造成的背景图案扭曲量 $\Delta y'$，再由几何关系则可以计算待测介质造成的光线偏转角度 ε：

$$\varepsilon \approx \frac{\Delta y'}{Z_d} \tag{1}$$

式中，Z_d 为背景图案和待测介质之间的距离。由惠更斯原理可知，有光线穿过待测介质时，光线偏转角度和待测介质折射率之间的关系为：

$$\varepsilon = \frac{1}{n_0}\int \frac{\partial n}{\partial y}\mathrm{d}z \tag{2}$$

式中，n_0 为环境折射率；n 为待测介质折射率；$\int \frac{\partial n}{\partial y}\mathrm{d}z$ 为待测介质折射率在 y 方向（向上）的梯度沿 z 方向（向右）的积分。即通过这种方法可以构建背景图案扭曲量和气体介质折射率之间的关系。而且，待测介质密度和待测介质折射率之间存在一个线性关系：

$$n-1=k_{GD}\rho \tag{3}$$

式中，k_{GD}为待测介质的 Gladstone-Dale 系数；ρ为待测介质密度。那么已知相应待测介质的 Gladstone-Dale 系数时，就可以获得待测介质沿路径的密度场分布，再借助理想气体状态方程：

$$p=\rho RT \tag{4}$$

式中，R 为理想气体常数；p 近似为当地大气压，即可求解出待测介质温度分布 T。

背景纹影法因其大视场、定量测量和装置简单的优势已经广泛应用于流体力学、等离子体、热力学等多个领域，不仅可以用于超大视场的激波测量，也可以通过布置多个方向的背景纹影装置实现三维重建，可实现不规则流场的密度场、温度场测量。

激光干涉测量

如果说折射是折射率对光在空间上产生的影响，那么干涉就是折射率对光在时间上产生影响的体现。由于对产生干涉的光的要求较为苛刻[6]，故干涉现象在自然界中并不像折射现象般容易被观察到，但在一些特殊的情况下，我们也能够观察到干涉的“身影”。

地面上的彩色油膜[见图 9(a)]就是一种典型的干涉现象。油在有水的地面上时，由于油的密度小于水的密度，会浮在水面上形成一层很薄的油层，形成空气－油－水的三层结构[见图 9(b)]。当阳光照射在液面上时，一部分光线会在气－油界面上反射，另一部分光线会在气－油界面上透射，直至油－水界面被反射，两部分光在空气环境下相互作用。当处在一定合适的角度时，两束光发生干涉，就会观察到油面出现彩色的油膜。这种两束光相互作用产生的现象，就是光的干涉。

（a）彩色油膜

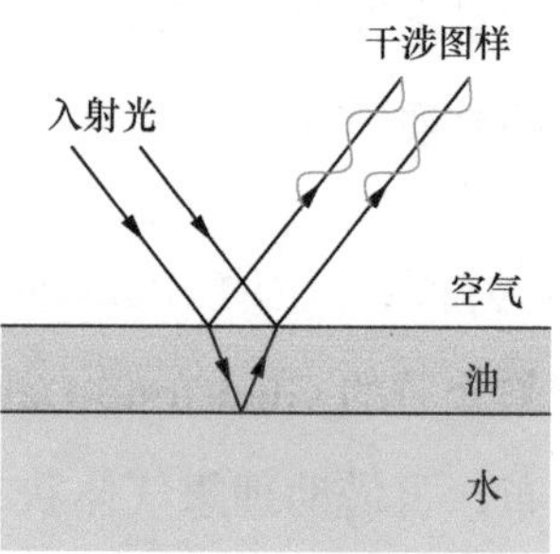

（b）彩色油膜的原理

图 9　彩色的油膜是一种典型的干涉现象

干涉在物理学中是指两列或两列以上的波在空间中重叠时发生叠加，从而形成新波形的现象（见图 10）。两列波在一介质中发生重叠时，重叠范围内同时受到这两个波的作用，叠加后可能会发生相长干涉［见图 10(a)］以及相消干涉［见图 10(b)］。但并不是任意两束波都可以发生干涉，能够发生干涉的两束波需要具有相干性，以两个正弦波为例，如果两个正弦波的相位差为常数，则这两个波的频率必定相同，称这两个波“完全相干”，相反地，像白炽灯或太阳发射出的光波，就被称为“不相干光”，它们产生的干涉图样不稳定，无法被明显地观察到。自然界中的大多数光正是因为缺少相干性，所以人们才难以观察到干涉现象。

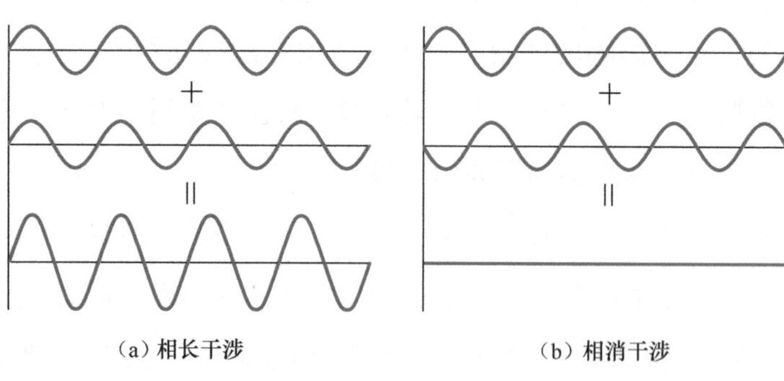

（a）相长干涉　　（b）相消干涉

图 10　两束波的干涉

由于相干光源难以获得，故光的干涉性质直到 19 世纪初才逐渐被人们发现。后来，随着激光器（见图 11）的发展，人们逐步开始利用干涉现象进行科学研究。1960 年，美国科学家梅曼发明了红宝石激光器，这

图 11　激光器

是世界上第一台激光器。在激光器中，一些激光器能够发出准直且随时间稳定的光束，我们称其为具有良好的“相干性”，这种激光能够携带一定的信息并传播较长的距离，使得人类掌握干涉现象成为可能。最开始，科学家将其用于距离、振动测量上，后来随着进一步的研究发展，激光器也被用于测量流体的某些性质。

学者们开发了许多不同结构的干涉仪用于激光干涉测量，如迈克尔逊干涉仪，法布里－珀罗干涉仪，马赫－曾德尔干涉仪（以下简称 MZ 干涉仪）等，它们凭借各自的结构与优势在远程通信、激光、光谱学等领域得到了广泛的应用。例如，基础物理实验中学习的迈克尔逊干涉仪，就是一种常用的高精度测距测振干涉仪。MZ 干涉仪结构简单，能够方便实现大尺寸结构的测量，并且光束只穿过待测流体一次，因而被广泛用在流体测量中。MZ 干涉仪经扩束系统扩束后的光束通过分光镜 1 分为测量路与参考路。其中，测量路通过被测对象（待测流体），携带测量信息的测量路光线与参考路光线最终在分光镜 2 处汇合形成干涉条纹（成像面 2），对干涉条纹进行处理即可解调出待测流体的密度信息（见图 12）。

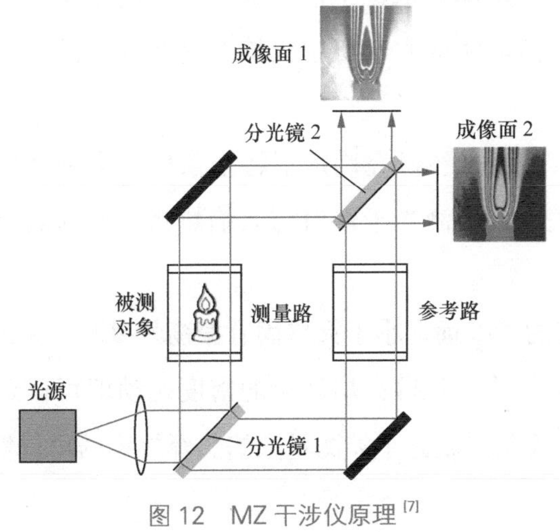

图 12　MZ 干涉仪原理[7]

燃烧热释放率测量的新方法

目前使用最广泛的燃烧热释放率的测量技术是化学发光法。对于预混火焰，在燃烧过程中火焰传播速度被近似认为是不变的，因此火焰的热释放率正比于火焰的表面积。火焰燃烧激发的中间自由基团（如 OH*, CH* 和 C_2*）会短暂地停留在火焰表面附近。这些激发态分子（中间自由基团）在落回基态时，会产生电子，发出不同波长的光。通过测量这些中间自由基团的自然发光，就可以定性地得到火焰的表面积，从而获得火焰的热释放量[8]。目前常采用的一种测量技术是用光电倍增管或者 CCD（ICCD）相机采集燃烧产生的化学发光。采用光电倍增管测量只能得出全局的信息，而采用 CCD 相机或者 ICCD 相机采集，虽然可以得到局部累积信息，但是这种方法会受限于相机的采集频率和每帧采集的光子能量，不能采集高频的信息。另外一种测量技术是激光诱导荧光法，即将激光调制到中间产物的频率来照射火焰表面。火焰燃烧产生的中间产物，在吸收光子能量后会从基态跃迁到相应的激发态。这些激发态的分子或原子在一段时间后降级变为基态时就会产生光子，发出不同波长的光，如果采用平面激光激发，那么就可以得到该激光平面上的中间产物的浓度，从而获取该平面上火焰表面的信息[9]。这种方法也仅限于预混火焰，然而实际发动机中火焰都是非预混的，因此以上测量方法均不适用。

课题组李敬轩教授经研究确定了特定条件下火焰密度扰动与热释放率扰动之间的关系，为激光干涉对与火焰热释放率的测量提供了理论支持[8]。

当外激振荡的频率远远小于火焰固有振荡频率时，由声压作用的密度扰动就可以忽略不计，测得火焰区域的密度扰动即可得到火焰的热释放率。试验结果也证明了激光干涉测量火焰热释放率的可行性。

结语

背景纹影法与激光干涉这两种测量方法有各自的优势条件及局限性。背景纹影法测量装置简单便于实现大尺寸流场的测量，但其时间分辨率由背景冷光源的光强所决定，难以实现高频测量。激光干涉得益于激光的高能量，便于实现高频测量（大于 10 kHz），但激光测量的待测流体大小被光学镜片大小所限制，想要测量大范围区域不太容易。将这两种测量方法相结合（见图 13），取长补短，便能够实现大尺寸火焰的高频热释放率测量。

图 13　背景纹影法与激光干涉结合测量系统

作者所在的液体火箭发动机喷雾燃烧实验室正在搭建结合试验台，通过合理构建两套系统的空间结构，调节同步触发采集，可以实现高频释热场的精确测量。而基于这些测量装置，团队正致力于将基于背景纹影法和激光干涉测量方法应用于更多的航空航天发动机关键流场参数测量，以期为我国航空航天发动机的研制提供重要的辅助测量手段。

参考文献

[1] SETTLES G S. Schlieren and shadowgraph techniques: visualizing phenomena in transparent media[M]. Berlin: Springer Science &

Business Media, 2001.

[2] BRAEUER A. Shadowgraph and schlieren techniques[J]. Supercritical Fluid Science and Technology, 2015(7): 283-312.

[3] SETTLES G S, HARGATHER M J. A review of recent developments in schlieren and shadowgraph techniques[J]. Measurement Science and Technology, 2017, 28(4). DOI: 10.1088/1361-6501/aa5748.

[4] EZOE M, NAKAO S, MIYAZATO Y. Quantitative flow visualization by rainbow schlieren deflectometry and pitot pressure measurements for leek peeler nozzle jets[J]. Journal of Flow Control, Measurement & Visualization, 2018, 7(1): 44-60.

[5] DALZIEL S B, HUGHES G O, SUTHERLAND B R. Whole-field density measurements by ‘synthetic schlieren’ [J]. Experiments in Fluids, 2000, 28(4): 322-335.

[6] BEKEFI G, BARRETT A H. Electromagnetic vibrations, waves, and radiation[M]. Cambridge: MIT Press, 1977.

[7] MACH L. Ueber einen interferenzrefraktor[J]. Zeitschrift für Instrumentenkunde, 1892, 12(3): 89-93.

[8] LI J, DUROX D, RICHECOEUR F, et al. Analysis of chemiluminescence, density and heat release rate fluctuations in acoustically perturbed laminar premixed flames[J]. Combustion and Flame, 2015, 162(10): 3934-3945.

[9] ARMITAGE C A, BALACHANDRAN R. Investigation of the nonlinear response of turbulent premixed flames to imposed inlet velocity oscillations[J]. Combustion and Flame, 2006, 146(3): 419-436.

梁炫烨，北京航空航天大学宇航学院博士研究生。研究方向为激光干涉火焰热释放率测量、非线性燃烧不稳定性预测等。

张玥，北京航空航天大学宇航学院博士研究生。研究方向为基于背景纹影法的燃烧参数测量等。

李敬轩，北京航空航天大学宇航学院教授、博士生导师，国家级青年人才计划入选者，液体火箭发动机喷雾燃烧实验室核心成员。主要从事不稳定燃烧、先进燃烧测量技术和声学等方面的教学和研究工作。主持中组部国家级青年人才计划基金、国家自然科学基金青年科学基金以及航天科研院所等多项课题。作为主要参与人，参与了国家自然科学基金重大仪器项目研制。迄今为止，在 *Combustion and Flame*、*Journal of Sound and Vibration*、*Fuel* 等燃烧、声学及能源国际重要学术期刊上发表 SCI 论文 30 余篇，授权国家发明专利 10 余项。

杨立军，北京航空航天大学宇航学院教授、博士生导师，国家杰出青年科学基金获得者、“长江学者奖励计划”特聘教授、国家百千万人才工程入选者、国家“有突出贡献中青年专家”、全国优秀科技工作者、享受国务院政府特殊津贴专家。主持国家自然科学基金重大科研仪器研制、973 计划等各类课题 50 余项。在 *Progress in Energy and Combustion Science*，*Journal of Fluid Mechanics* 等流体、燃烧和航空航天期刊发表高水平论文 150 余篇，授权国家发明专利 50 余项。围绕空天发动机不稳定燃烧控制等国家重大需求，开展液体雾化机理及喷嘴工程应用研究。发现了弯曲模态气液表面波导致液体射流破裂的新机理；破解了液体表面弯曲模态导致破裂这一从流体力学角度一直无法解释的难题；提出了液体破裂雾化“色散分布”模型；有效指导了各类喷嘴设计。根据新发现所发明研制多型喷嘴，应用于我国大推力液体火箭发动机和海军某舰艇等多个国家重大工程中。作为第一完成人获 2017 年度国家技术发明奖二等奖。

大国重器中的碳烟固体小颗粒

北京航空航天大学宇航学院

韩　旺

航空发动机与火箭发动机是空天领域必须自主研发的国之重器，也是一个国家综合国力的象征。其中，航空发动机更是被誉为“工业皇冠上的明珠”，在航空领域一直流传着一句“一代发动机一代飞机”的名言，足以体现航空发动机在民用飞机以及战斗机升级换代过程中的关键地位。相同地，在航天领域同样有对火箭发动机重要性描述的一句名言：“火箭运载能力有多大，航天的舞台就有多大”，这是因为火箭发动机是完成载人登月、火星探测等重大航天任务的动力之源。

虽然航空发动机与火箭发动机结构与用途不同，但无论是航空发动机还是火箭发动机，其强大的推力主要由燃料与氧化剂在发动机燃烧室中混合并燃烧排出的高温高速气流产生。值得注意的是，燃料与氧化剂的燃烧不仅会释放能量，同时也会生成一些对环境与人类有害的物质，如二氧化碳 (CO_2)、氮氧化物 (NO_x) 以及碳烟固体小颗粒。常见的军用飞机、液体运载火箭以及民用飞机的发动机在工作过程中都会产生浓浓的黑色烟雾（见图 1）。其中，发动机排放的二氧化碳与氮氧化物已经受到了人们足够多的关注，相关减排技术日趋成熟，但对排放物中的碳烟固体小颗粒的研究还处于快速发展的阶段 [1-3]，大众对其的认知与了解还不足。本文将从发动机中的燃烧过程开始，谈一谈这些碳烟固体小颗粒是如何形成的以及对其研究的必要性。

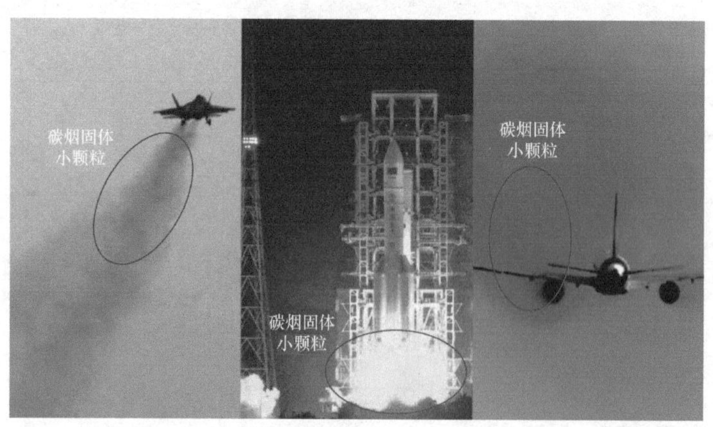

图 1　从左到右观察到的黑色烟雾分别是由军用飞机、液体运载火箭以及民用飞机发动机排放的碳烟固体小颗粒

发动机中的燃烧过程

燃烧是发动机主要的动力来源，那么发动机中的燃烧过程是什么样的呢？下面以航空发动机为例，介绍燃烧室中液体燃料与氧化剂（这里为空气）的燃烧过程。如图 2 所示，当液体燃料射流与空气相互作用时，由于流动不稳定性，液体燃料射流将经过一次破碎和二次破碎后会变成无数个微小液滴，即所谓的射流雾化。雾化形成的无数个微小液滴也被称为喷雾，在燃烧室高温、高压环境下，大部分喷雾蒸发变成气相，然后与空气混合燃烧并排放污染物，少量液滴则会在高温气体及液滴之间的热质传递作用下发生自点火。值得注意的是真实航空发动机中液体燃料与氧化剂相遇的方式远比图 2 所示复杂得多。

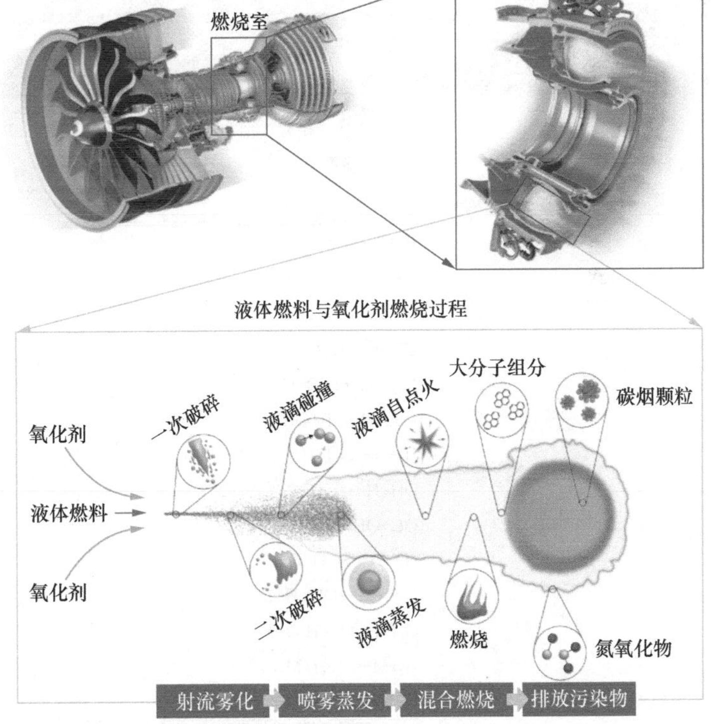

图 2　航空发动机燃烧室中液体燃料与氧化剂的燃烧过程

在燃烧室的燃烧过程中，存在着一直困扰科学界的两个复杂物理过程，即湍流与燃料化学反应机理，如图 3 所示。其中，湍流被认为是经典物理学的最后一座堡垒。量子力学的创始人之一海森堡就曾经说过:“当我见到上帝后，我一定要问他两个问题——第一个问题: 什么是相对论？第二个问题: 什么是湍流？我相信他只对第一个问题有答案。”这足以说明湍流的复杂性。燃烧室中湍流的引入主要是为了促进燃料与氧化剂的混合，提高燃料燃烧速率。目前虽然对湍流的试验与理论研究取得了显著的进展，但有关湍流形成的原因以及湍流流动的定量预测还存在很大不足[4]。

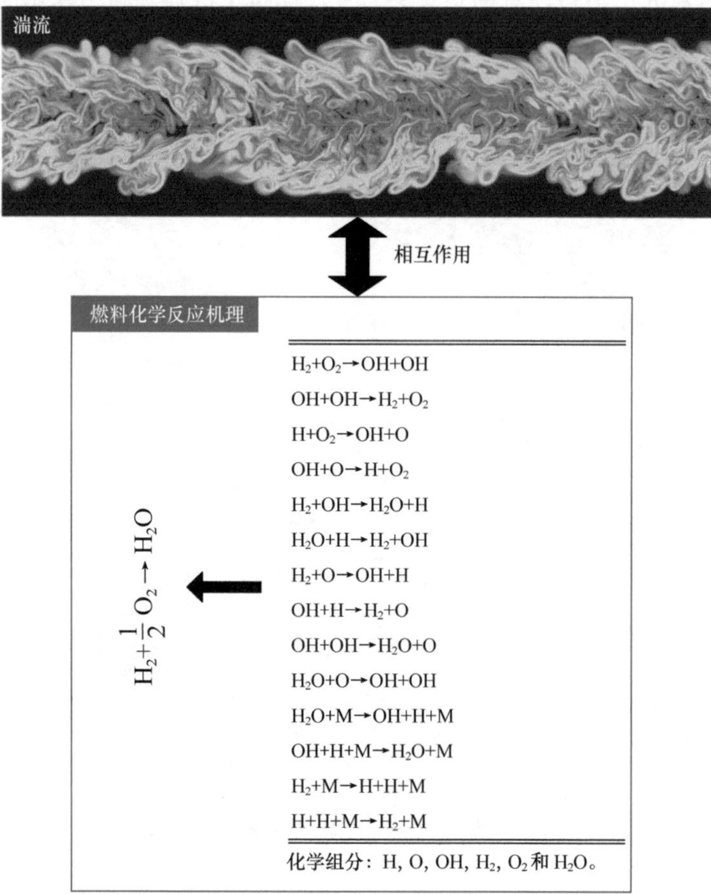

图 3　发动机燃烧过程中两个复杂过程：湍流与燃料化学反应机理

燃料化学反应机理也是燃烧室中另外一个科学难题，这里的化学反应机理主要是用来表征燃料与氧化剂是如何进行反应的。在真实发动机燃烧室中，燃料与氧化剂并不是经过一步化学反应（燃料 + 氧化剂→产物 + 热量）完成的，而是通过大量的、宽特征时间尺度范围的基元反应进行的。图 3 列出了最简单燃料——液氢的一种化学反应机理，可以看到，该机理中涉及了 6 个化学组分与 14 步基元反应。目前对于燃料化学反应机理，存在两个非常具有挑战性的难题：① 发动机所使用的的燃料包括哪几种成分以及每种成分占比是多少？② 即便知道了燃料成分，燃料与氧化剂在高温高压下的化学反应机理又是什么样的？

正是由于湍流与燃料化学反应机理这两个极其复杂的科学难题至今没有解决，所以实现燃烧室中的湍流燃烧过程以及湍流与化学反应机理的相互作用的准确预测仍然是科学界与工业界追求的一个重要目标[5]。

碳烟固体小颗粒是如何形成的

当燃料与氧化剂经历上述燃烧过程后，除了释放出可观的化学能，同时还会伴随着一些有害污染物的生成。

本文主要关注燃烧过程中生成的碳烟固体小颗粒，这些小颗粒是在燃料未充分氧化时形成的，其间会经历一系列复杂的物理化学过程，如碳烟前驱体多环芳烃（Polycyclic Aromatic Hydrocarbon，PAH）的生成、颗粒成核、凝并、表面增长与氧化以及聚集体的生成等[6]。

由于液体燃料经历蒸发后会变为气相，有关气相是如何转变成固体小颗粒的这一科学难题，目前科学界仍没有统一定论。在燃烧氧化阶段，除了众所周知的燃烧产物二氧化碳和水蒸气，还有一些中间组分，这些中间组分在特性条件下，会经历组分聚集、碳数目增长过程，最终形成 PAH（见图 4）。现在学术界一般认为 PAH 是碳烟形成的重要前驱体，当 PAH 含量达到一定值时，PAH 和 PAH 之间碰撞会形成二聚物，当两个二聚物相结合就会成核，即固体小颗粒被孕育出来了。固体小颗粒一旦形成，就会与周围活跃的中间组分发生表面化学反应，例如，二聚物与固体颗粒碰撞并粘附在固体颗粒上面；固体颗粒表面也会吸附乙炔气体中的碳而增长；固体颗粒与周围的氧气发生氧化反应，导致直径降低；固体颗粒之间互相碰撞极易凝聚成一个颗粒，进而形成更大直径的颗粒[7-8]。

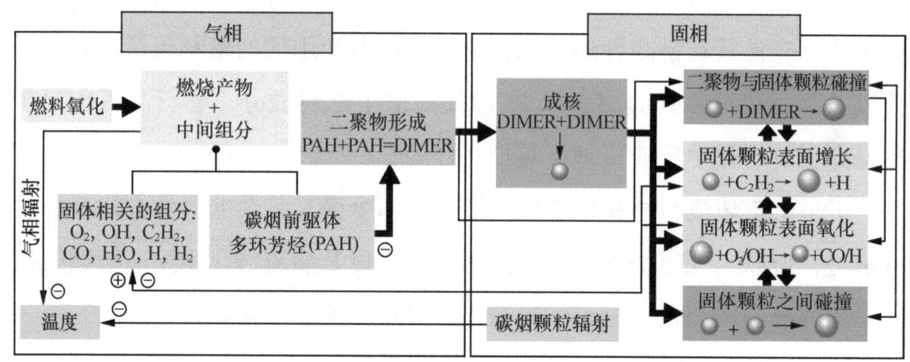

图 4　碳烟固体小颗粒生成中气相与固相转变过程

以上描述表明，碳烟固体小颗粒的生成过程涉及复杂的物理与化学过程，目前对其中每个子过程机理的认识仍然不清楚，缺乏相应的预测模型。例如，至今我们都没有清楚地理解 PAH 是如何在燃料氧化过程中形成与增长的以及 PAH 形成后是如何成核的[9-18]。因此，碳烟固体小颗粒的形成机理仍然是燃烧领域科学家所面临的重要科学难题之一[1-3]。

碳烟固体小颗粒的危害

燃烧过程中形成的碳烟固体小颗粒群的平均直径通常仅为 0.1 μm，是人类头发丝直径的 500 分之一，海滩沙子直径的 1 000 分之一。发动机排放的碳烟固体小颗粒不仅会祸害全球气候，引起温室效应，还会给人们的身体健康带来危害。颗粒物的危害程度与其直径大小有直接关系。

（1）直径小于等于 10 μm，大于 2.5 μm 的颗粒物被称为可吸入颗粒物，

即 PM_{10}。可吸入颗粒物在空气中停留时间比较长，对人体健康与大气能见度影响很大。当可吸入颗粒物被人吸入后，会累积在呼吸系统中，侵害呼吸系统，引发许多疾病。另外，可吸入颗粒物还具有很强的吸附能力，是多种污染物的“载体”与“催化剂”，有时能成为多种污染物的集合体，是导致各种疾病的罪魁祸首。

（2）直径小于等于 2.5 μm，大于 0.1 μm 的颗粒物被称为细颗粒物，即 $PM_{2.5}$。这时颗粒可随人的呼吸沉入肺部，甚至可以进入肺泡，损伤肺泡和黏膜，引起肺组织的慢性纤维化，导致肺心病，加重哮喘病，严重的可危及生命。

（3）直径在 10 nm 与 0.1 μm 之间的颗粒物被称为极细颗粒物 (Ultra Fine Particle, UFP)，这些细小颗粒一旦进入人体内，会通过肺部进入血液，直接参与血液循环，进入人体各个器官，进而引起各种血液疾病及心脏病，对人体危害相当大。

发动机排放的碳烟固体小颗粒群中，颗粒直径范围为 10 nm ～ 1 μm。因此，碳烟固体小颗粒为 $PM_{2.5}$ 和 UFP，虽然 UFP 对碳烟总质量的贡献比较少，但碳烟固体小颗粒中存在着相当多的 UFP。因此，发动机燃烧排放的碳烟固体小颗粒对人类具有非常严重的危害性。为此，国际民用航空组织（ICAO）已经对碳烟固体小颗粒排放的直径范围与体积百分数等制定了非常严格的标准，这加剧了对发动机中碳烟固体小颗粒形成机制理解及定量预测的需求。目前，在碳烟固体小颗粒排放研究采用的主要是小分子燃料，而对真实航空发动机或火箭发动机燃料燃烧排放的碳烟固体小颗粒的研究还相对匮乏 [19-20]。

结语

碳烟固体小颗粒作为发动机排放的重要污染物之一，对大气环境及人类身心健康都具有显著的危害。由于碳烟固体小颗粒形成过程极其复杂，涉及湍流、燃烧化学、异相反应及多物理过程互相耦合，学术界有关碳烟固体小颗粒形成的真正原因至今没有统一定论。因此，我们仍需不断创新，积极探索，解决碳烟固体小颗粒形成涉及的科学难题。另外，为了应对快速增长的燃料需求与尽早实现航空业碳中和目标，降低发动机碳烟固体小颗粒排放已经成为发动机研发所面临的关键挑战之一。为此，国际民用航空组织倡议使用低碳可持续航空燃料或零碳燃料。可以预见，随着低碳与零碳燃料在航空发动机中的逐步推广，我们有信心消除发动机中的碳烟固体小颗粒的排放。

参考文献

[1] BOCKHORN H, D'ANNA A, SAROFIM A F, et al. Combustion generated fine carbonaceous particles[M]. Karlsruhe, Germany: KIT Scientific Publishing, 2009.

[2] WANG H. Formation of nascent soot and other condensed-phase materials in flames[J]. Proceedings of the Combustion Institute, 2011, 33(1): 41-67.

[3] RAMAN V, FOX R O. Modeling of fine-particle formation in turbulent flames[J]. Annual Review of Fluid Mechanics, 2016(48): 159-190.

[4] HE G, JIN G, YANG Y. Space-time correlations and dynamic coupling in turbulent flows[J]. Annual Review of Fluid Mechanics, 2017(49): 51-71.

[5] PITSCH H, Large-eddy simulation of turbulent combustion[J]. Annual view of Fluid Mechanics, 2016(38): 453-482.

[6] HAN W, RAMAN V, MUELLER M E, et al. Effects of combustion models on soot formation and evolution in turbulent nonpremixed

flames[J]. Proceedings of the Combustion Institute, 2019, 37(1): 985-992.

[7] MUELLER M E, BLANQUART G, PITSCH H. Hybrid method of moments for modeling soot formation and growth[J]. Combustion and Flame, 2009, 156(6): 1143-1155.

[8] WANG Y, HAN W, ATTILI A, et al. Numerical analysis of very rich propagating spherical flames: Soot formation and its impact on the determination of laminar flame speed[J]. Combustion and Flame, 2022(237). DOI: 10.1016/j.combustflame.2021.111860.

[9] RAJ A, PRADA I D C, AMER A A, et al. A reaction mechanism for gasoline surrogate fuels for large polycyclic aromatic hydrocarbons[J]. Combustion and Flame, 2012, 159(2): 500-515.

[10] SELVARAJ P, ARIAS P G, LEE B J, et al. A computational study of ethylene–air sooting flames: effects of large polycyclic aromatic hydrocarbons[J]. Combustion and Flame, 2016(163): 427-436.

[11] APPEL J, BOCKHORN H, FRENKLACH M. Kinetic modeling of soot formation with detailed chemistry and physics: laminar premixed flames of C_2 hydrocarbons[J]. Combustion and Flame, 2000, 121(1): 122-136.

[12] DWORKIN S B, ZHANG Q, THOMSON M J. Application of an enhanced PAH growth model to soot formation in a laminar coflow ethylene/air diffusion flame[J]. Combustion and Flame, 2011, 158(9): 1682-1695.

[13] CHERNOV V, THOMSON M J, DWORKIN S B. Soot formation with C_1 and C_2 fuels using an improved chemical mechanism for PAH growth[J]. Combustion and Flame, 2014, 161(2): 592-601.

[14] D’ANNA A, SIRIGNANO M, KENT J. A model of particle

nucleation in premixed ethylene flames[J]. Combustion and Flame, 2010, 157(11): 2106-2115.

[15] NARAYANASWAMY K, BLANQUART G, PITSCH H. A consistent chemical mechanism for oxidation of substituted aromatic species[J]. Combustion and Flame, 2010, 157(10): 1879-1898.

[16] CAI L, PITSCH H. Optimized chemical mechanism for combustion of gasoline surrogate fuels[J]. Combustion and Flame, 2015, 162(5): 1623-1637.

[17] RANZI E, FRASSOLDATI A, GRANA R, et al. Hierarchical and comparative kinetic modeling of laminar flame speeds of hydrocarbon and oxygenated fuels[J]. Progress of Energy Combustion and Science, 2012, 38(4): 468-501.

[18] YUAN W, LI Y, DAGAUT P, et al. Investigation on the pyrolysis and oxidation of toluene over a wide range conditions. I. flow reactor pyrolysis and jet stirred reactor oxidation[J]. Combustion and Flame, 2015, 162(1): 3-21.

[19] CHONG S T, RAMAN V, MUELLER M E, et al. Effect of soot model, moment method, and chemical kinetics on soot formation in a model aircraft combustor[J]. Proceedings of the Combustion Institute, 2019, 37(1): 1065-1074.

[20] KRUSE S, WICK A, MEDWELL P, et al. Experimental and numerical study of soot formation in counterflow diffusion flames of gasoline surrogate components[J]. Combustion and Flame, 2019(210): 159-171.

韩旺，北京航空航天大学宇航学院教授，液体火箭发动机喷雾燃烧实验室核心成员，2021年入选国家级人才计划青年项目，回国前曾担任英国爱丁堡大学终身助理教授。研究方向为发动机湍流燃烧数值模拟，取得如下创新成果：(1) 发展了高精度强湍流燃烧模型，解决了传统模型难以准确预测破碎火焰与抬升火焰结构的难题；(2) 构建了通用火焰面模型，揭示了火焰面切向扩散的物理根源与影响机制，进一步完善了经典火焰面理论；(3) 发展了湍流燃烧、碳烟、声波非线性耦合模型，实现了模型燃烧室中碳烟和噪声的定量预测。相关工作发表 SCI 论文 24 篇，包括燃烧领域顶级期刊 CNF 和 PCI 论文 16 篇。发展的高精度强湍流燃烧模型已经植入世界顶级航空发动机厂商英国罗罗公司燃烧室仿真软件。曾获国际燃烧学会青年学者最高奖 Bernard Lewis 奖、英国工程和自然科学委员会 Pioneer 奖等荣誉，担任第 38 届国际燃烧大会和第 17 届国际数值燃烧大会湍流燃烧分会场主席及国际会议组委会成员。

刚柔兼济

——可折叠并自展开柔性复合材料结构

北京航空航天大学交通科学与工程学院

白江波　刘天伟

随着航天技术的发展，航天器正朝着日益大型化和复杂化的方向发展。超大型空间天线、太阳帆、柔性机械臂、太阳能发电站、在轨组装结构等对各类高性能、高稳定可展开结构的需求越来越多，这给空间可展开结构技术的发展带来了广阔的发展机遇和挑战。由于具有结构简单、整体化程度高、机械性能优异、自重小等优点，可折叠并自展开柔性复合材料结构近年来正成为空间可展开结构的研究热点和前沿。本文将聚焦可折叠并自展开柔性复合材料结构的发展现状以及亟须解决的关键科学问题。

什么是可折叠并自展开柔性复合材料结构

空间可展开结构是20世纪60年代后期，随着航天技术的发展而诞生的一种新型空间结构，采用高比强度、高比刚度以及超低线性膨胀系数的新型材料制备而成。空间可展开结构在航天器发射过程中处于收纳状态，以保证体积最小，方便安装在航天器有效载荷舱内，等到航天器进入预定轨道后，再按照原有设计要求展开、锁定以及保持工作状态，形成符合要求的大型宇航结构。空间可展开结构的出现，解决了航天器多功能、大尺寸与运载工具存储舱容量有限的矛盾。目前，空间可展开结构主要应用于空间可展开天线、空间可展开柔性太阳电池阵列等。按照驱动方式不同，空间可展开结构主要分为微电机驱动的空间可展开结构、充气驱动的空间可展开结构、智能材料驱动的空间可展开结构等。

微电机驱动的空间可展开结构是指随航天器入轨后通过指令控制微电机开机，利用电机驱动实现结构入轨展开的一类空间可展开结构（见图1）。此类结构是目前航天领域应用最广泛的一类空间可展开结构。虽然微电机驱动的空间可展开结构具备展开精度高、可控性强、安全可靠等优点，但此类结构也存在着自重大、能耗高等诸多亟须解决的问题[1]。

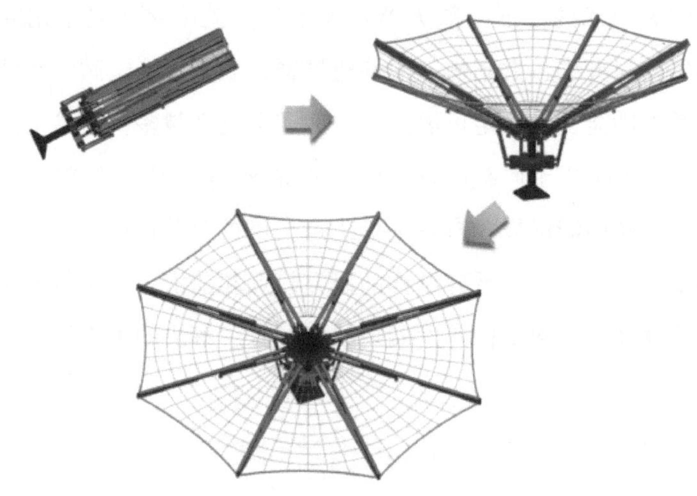

图 1　微电机驱动的抛物面天线

充气驱动的空间可展开结构是将柔性材料制造成含有内部气路的可展开结构，在地面装配及随航天器发射过程中处于折叠状态，航天器入轨后通过气压驱动充气展开成型的一类空间可展开结构（见图 2）。目前，此类结构已经在空间可展开天线、空间可展开柔性太阳电池阵列等系统中得到了在轨验证。充气驱动的空间可展开结构具备自重小、收纳率高、成本低、动力学特性良好等优点，但也存在着供气持续性差、结构展开后型面精度低等问题[2]。

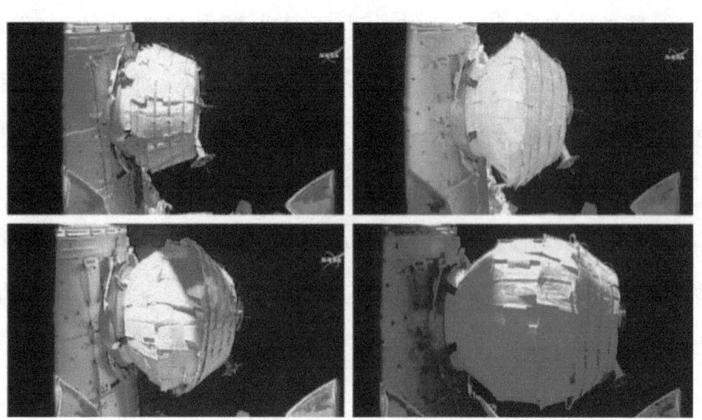

图 2　充气驱动的空间可展开结构

智能材料驱动的空间可展开结构是一类新型的空间可展开结构。该结构主要是利用智能材料（如形状记忆复合材料）的固有材料属性，在特定激励条件下实现空间可展开结构的展开功能（见图3）。智能材料驱动的空间可展开结构具备自重小、柔韧性好、收纳率高、结构简单等优点。测试结果表明：智能材料驱动的空间可展开结构解锁和展开过程几乎无冲击，展开时间和过程可控，展开后结构的刚度较高且无须额外附加设备维持[3]。例如，随长征五号火箭成功飞天入轨的实践二十号卫星上便搭载了此类空间可展开结构——形状记忆复合材料驱动的管状伸展臂（见图3），并于2020年1月5日完成了关键技术试验，首次实现在轨可控展开。

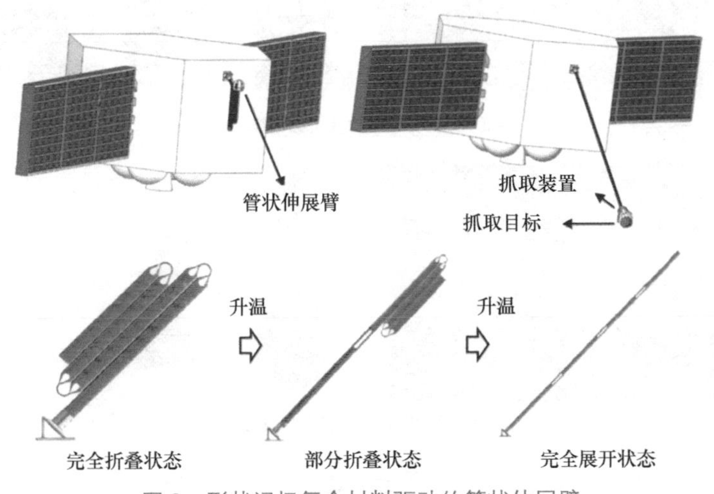

图3　形状记忆复合材料驱动的管状伸展臂

可见，以上3种空间可展开结构都需要外部的装置或能量来驱动空间可展开结构实现展开功能，这会直接增加空间结构的复杂度以及发射成本，并且降低空间结构的可靠性。因此，迫切需要能够实现自展开功能的空间可展开结构。先进复合材料指的是碳纤维等高性能增强相增强的复合材料，是重要的航空航天材料，目前正向“材料－结构－功能－设计－制造”一体化演进[4-6]。先进复合材料的特性主要表现为：多功能性、经济性、结构整体性以及可设计性等。先进复合材料技术不但给人们在选择和设计材料时提供了更多的可能性，而且可以实现一些非常巧妙的概念设计，比如具有结构－功能一体化特点的可折叠并自展开柔性复合材料结构（见图4），可利用其折叠过程自身储存的应变能实现弹性展开。与其他经典的空间可展开结构相比，可折叠并自展开柔性复合材料结构具有结构简单、整体化程度高、机械性能优异、自重小等优点，近年来正成为航天复合材料结构的研究热点。

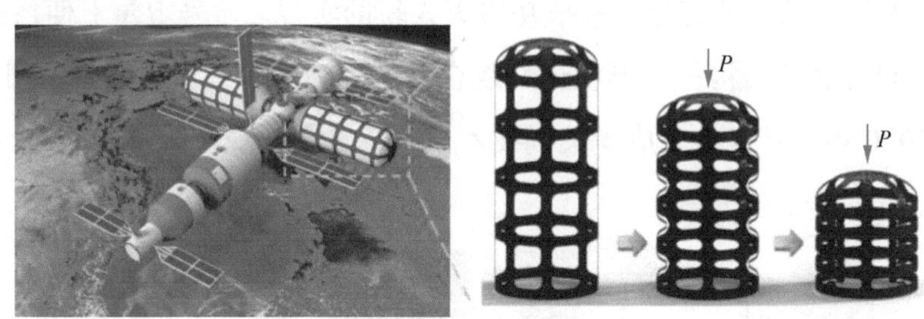

（a）复合材料舱段及折叠过程

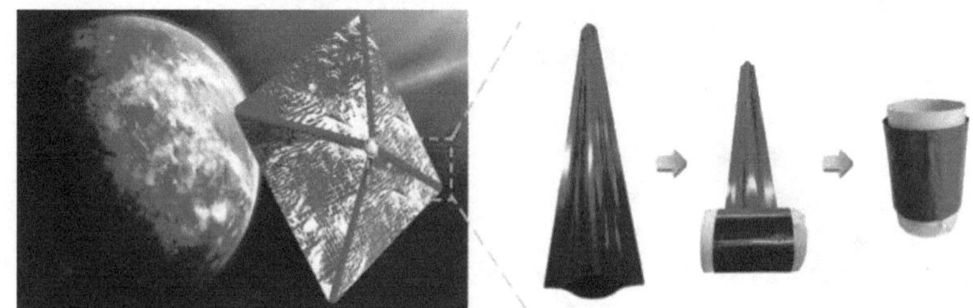

（b）复合材料豆荚杆及折叠过程

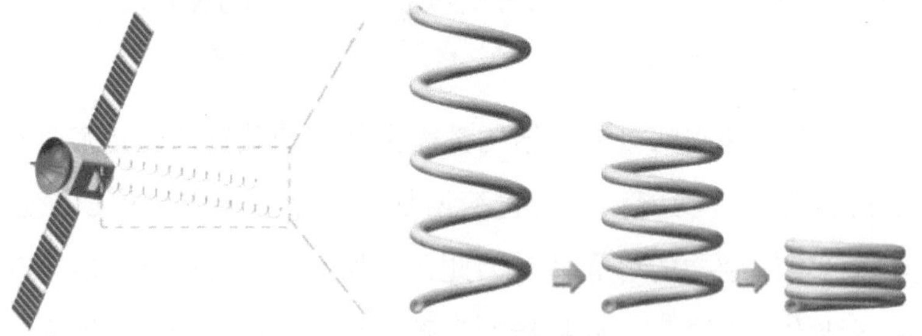

（c）复合材料螺旋天线及折叠过程

图4 具有结构－功能一体化特点的可折叠并自展开柔性复合材料结构

典型的可折叠并自展开柔性复合材料结构

到目前为止，典型的可折叠并自展开柔性复合材料结构主要包括复合材料铰链、复合材料伸展臂、复合材料抛物面天线等。国内外研究人员针对这些结构开展了大量的理论、数值模拟和试验研究。

1. 复合材料铰链

作为一种经典的可折叠并自展开柔性复合材料结构，复合材料铰链（见图 5）能够依靠自身变形存储的弹性势能实现展开，集驱动、旋转以及锁定于一体。复合材料铰链比传统的机械铰链具有多个优势，包括自重小、摩擦不敏感、能够实现自展开和自锁定功能 [7-8]。整体开缝式复合材料铰链是一种具有对称开口的圆柱形壳结构，并具有能够实现可折叠并自展开功能的整体铰链机制。Sakovsky 和 Pellegrino[9] 制备了一种新型双基整体开缝式复合材料铰链，并通过试验证明了该铰链在折叠与展开过程中具有更小的折叠半径。此外，他们还分别建立了基于 LS-DYNA 软件的有限元模型以及基于能量原理的解析模型，并预测了该铰链的折叠后几何构型以及折叠过程中力矩与扭转角的关系。Soykasap[10] 采用非线性有限元分析方法研究了整体开缝式复合材料铰链在折叠中的准静态力矩与扭转角关系，并通过试验分析了该铰链的展开过程（展开过程仅需不到 1 s 的时间）。

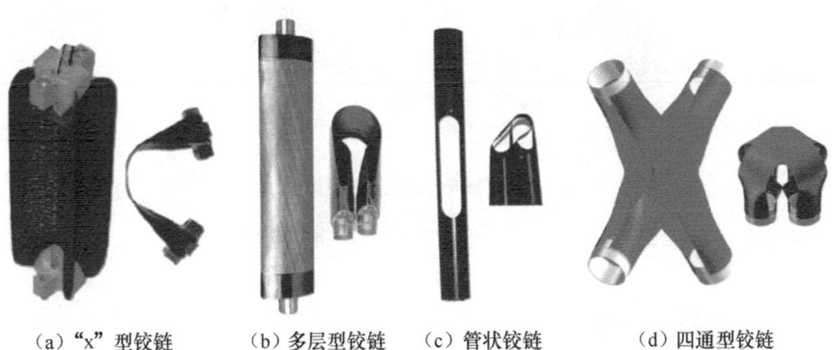

（a）“x” 型铰链　（b）多层型铰链　（c）管状铰链　（d）四通型铰链

图 5　复合材料铰链

2. 复合材料伸展臂

复合材料伸展臂是空间可展开机构研究中的一个重要分支，同时，也是应用最早的空间伸展臂形式。相对其他类型伸展臂，复合材料伸展臂刚度较小，但其结构简单、可靠性高、自重小、收纳率更高。Bai 等[11]使用真空袋法制备了一种复合材料豆荚杆，并建立了用于预测复合材料豆荚杆折叠变形过程的解析模型，对折叠变形的应力 / 应变特别是层间剪切应力进行了分析，预测结果与试验之间具有良好的相关性。在后续的工作中，他们使用有限元分析方法预测了复合材料豆荚杆的拉伸扁平、压缩扁平以及折叠过程[12]。Chu 等[13]设计了一种用于实现复合材料豆荚杆折叠与展开功能的试验装置。试验结果验证了该试验装置对精确跟踪期望位置轨迹和实现复合材料豆荚杆的折叠展开功能的有效性。Mchale 等[14]提出了一种新型的可折叠并自展开的柔性复合材料伸展臂（见图 6）。该伸展臂包括两个可伸缩的圆柱形复合材料格栅。

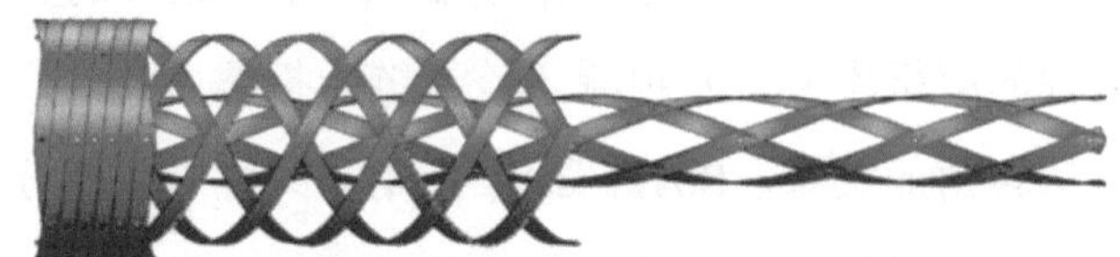

（a）折叠/展开过程的概念设计

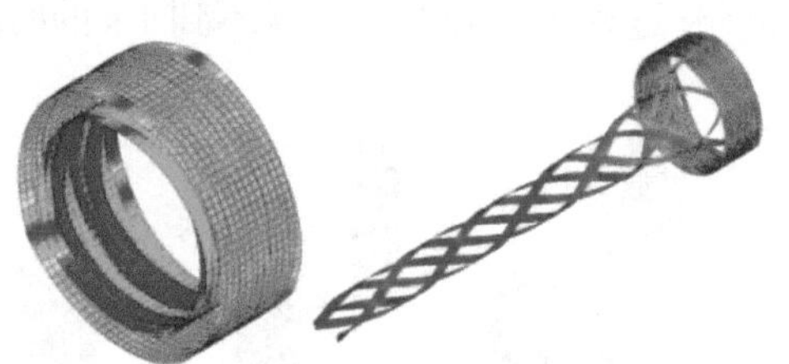

（b）折叠/展开过程的数值模拟

图 6　可折叠并自展开的柔性复合材料伸展臂

3. 复合材料抛物面天线

可展开抛物面天线现在是完成许多通信和科学任务的关键技术。Tan

和 Pellegrino[15] 采用有限元方法研究了不同背部支撑增强形式对复合材料抛物面天线展开刚度和固有频率的影响，并提出了通过增加周向裙边增强和局部开缝的方案可以有效改善展开刚度。面向微型卫星需求，Stiles 和 Carrett[16] 提出了一种新型的复合材料抛物面天线概念，通过螺旋式复合材料壳面设计，实现了每个复合材料壳面折叠处于纯弯曲状态，避免剪切载荷引起的复合材料壳面形面精度变化。Datashvili 等 [17] 提出了一种具有 12 根肋的可折叠并自展开柔性复合材料抛物面天线（见图 7）。该结构简单、制造成本低，但是由于折叠状态占用空间较大而难以应用于立方卫星。

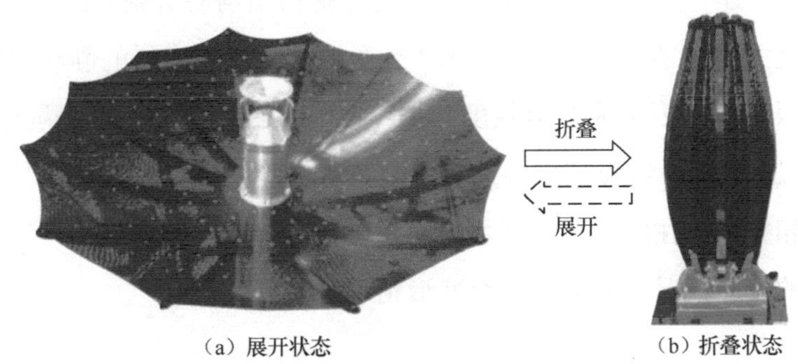

（a）展开状态　　（b）折叠状态

图 7　可折叠并自展开柔性复合材料抛物面天线

可折叠并自展开柔性复合材料结构的关键科学问题及发展动态

目前，可折叠并自展开柔性复合材料结构无论在设计技术上，还是制造技术上均存在关键科学问题需要攻克，主要包括以下几个方面。

1. 折叠 / 展开大变形过程的力学性能研究

Abbas 等 [18] 提出了一种预测复合材料铰链折叠性能的解析模型，考虑了折叠变形和平直长度变量，利用该模型可以确定最大突变载荷、最大铰链角度和折叠后的最终弯曲半径，该模型预测的结果与试验测得的结果吻合良好。Soykasap 等 [19] 采用有限元方法分析了折叠 / 展开过程中复合材料铰链力矩随折叠角的变化和变形过程的应力场，在折叠 / 展开变形的整个过程中最大应力出现在铰链对称中心附近的最外层。Keller[20] 采用摄影测量法研究了蠕变对圆形抛物面天线的展开恢复性能的影响，该天线在折叠时会存在一定的蠕变，通过合理选择和设计材料性能可以有效控制蠕变，进而减小蠕变对天线形状精度的影响。德国宇航中心最早开发出了自展开柔性复合材料豆荚杆，目前技术已经非常成熟，长度尺寸从最初的 1 m 已经可以做到 14 m，完成了一系列功能试验和地面测试，并在大型客机 A300 上完成了失重条件下的展开测试，取得非常好的效果。

综上所述，可折叠并自展开柔性复合材料结构的折叠 / 展开大变形过程的关键力学性能主要包括：应力 / 应变场、载荷与变形的静动态响应关系、极限变形能力（大变形强度判据）、应变能储存与释放、蠕变等，这些性能又与宏观 / 细观结构参数、组分材料性能、铺层、边界条件、环境等密切相关，以往的研究大多数只考虑了自展开柔性复合材料薄壁结构相对简单的变形情况，而关于复杂变形情况鲜有提及。

2. 加工制造过程的热变形与残余热应力研究

高性能复合材料的固化过程是基体材料从液态变为固态的过程，这个过程是一个复杂的热、化学和力学性能急剧变化的过程。因此，复合材料结构在加工成型过程中不可避免地会产生残余热应力与热变形。影响复合材料结构加工制造过程的热变形与残余热应力的因素主要包括：组分材料热膨胀系数不匹配、材料各向异性、结构形式、铺层方式、化学收缩、模具与制件热膨胀系数不匹配、模具与制件界面、容许缺陷（孔隙、夹杂等）、固化工艺等。

Bogetti 等 [21] 通过试验研究了复合材料层合板的固化变形机理，发现对于薄板而言，温度、固化度以及树脂在厚度方向分布是近似均匀的，因此，材料各向异性的热胀冷缩效应和化学收缩效应是引起薄板残余热应力与热变形的主要因素。Hahn 等 [22] 基于经典层合板理论，较早提出了一种分析层合板残余热应力估算的简化解析模型，忽略工艺因素的影响，认为残余热应力与热变形只是由温度变化时铺层热膨胀系数和刚度各向异性导致的，因此，该模型只适用于计算非对称铺层引起的翘曲变形。Loos 等[23]提出的模块化研究方法将复杂的固化过程按照所发生的物理化学变化机理分成几个相对简单、独立的子模块并分别进行建模，各模块内目标明确，便于分析和计算，得到了广泛的应用。

目前，复合材料结构加工制造过程的热变形与残余热应力方面的研究成果较多，但是，可折叠并自展开柔性复合材料结构属于柔性薄壁结构，其加工质量和缺陷对制造过程的热变形与热应力比较敏感，影响因素众多，目前尚未见到柔性复合材料薄壁结构制造热变形与残余热应力控制方面的研究报道。

3. 空间环境服役状态下的热强度评估研究

航天器结构在服役过程中要经受各种空间环境因素，如高真空、紫外辐射、太空热沉、太阳辐射、地球红外辐射、地球反射辐射和自身红外辐射等的联合作用，导致其温度分布不均匀且存在比较大的温差，在白天受太阳辐照一侧会产生高温区，背向太阳一侧会产生低温区，而夜晚整个结构都会处于极低的温度环境，这种温度分布不均和极高 / 极低的温度差异，会使航天器结构产生热应力与热变形，同时材料性能也会发生变化，最终将影响整个结构的力学性能。

Frisch 等[24]通过解析方法研究了重力梯度稳定杆由太阳辐射导致的弯曲和扭转变形，重点分析了横向扭转耦合效应对重力梯度稳定杆在热平衡状态形状的影响，研究结果表明热平衡状态的形状可能有多个解。Thornton 等[25]通过解析方法研究了哈勃太空望远镜太阳翼的热致毁损原因，将闭口薄壁圆管温度场沿周向进行傅里叶展开，得到了瞬态温度场的近似理论解，但没有考虑沿杆轴向的热传导。Givoli 等[26]采用在空间域上进行有限元划分、在时间域上通过傅里叶级数描述空间结构受到的外热流和结构中产生的温度载荷的方法，数值计算得到了抛物面天线的热变形。

目前相关研究主要聚焦于空间复合材料薄壁结构在空间环境服役状态下的温度场与热变形分析方面，事实上，极高和极低的温度差异还会影响材料的力学性能和结构的刚度、稳定性、振动特性，然而，有关空间复合材料薄壁结构的热强度方面的研究较少，因此，开展可折叠并自展开柔性复合材料结构在空间环境服役状态下的热强度研究很有意义。

课题组研究进展

针对目前可折叠并自展开柔性复合材料结构存在的关键技术问题，北京航空航天大学交通科学与工程学院白江波副教授课题组（以下简称课题组）开展了下列研究工作。

1. 可折叠并自展开柔性复合材料结构大变形性能分析

课题组建立了可折叠并自展开柔性复合材料结构在折叠 / 展开大变形过程的几何方程和宏观力学分析解析模型，计算结构在大变形过程的应力 / 应变场、载荷与变形的静动态响应关系、极限变形能力（大变形强度判据）、应变能储存与释放等[27]。例如，课题组建立了可折叠并自展开柔性复合材料豆荚杆折叠过程中的应力 / 应变、层间剪切应力、折叠力矩和极限卷曲半径等解析模型；将复合材料豆荚杆折叠过程分为两个阶段（见图 8），建立了折叠大变形几何方程和微元平衡方程层间剪切应力解析模型；采用能量方法确定复合材料豆荚杆在折叠过程中所需的折叠力矩；基于经典层合板理论和最大应力失效准则，提出了一种预测可折叠复合材料豆荚杆极限卷曲半径的解析模型，有效解决了折叠大变形过程的失效问题，典型失效模式如图 9 所示。此外，通过结合麦克劳林级数展开、正交切比雪夫多项式、伽辽金法和谐波平衡方法建立了预测复合材料舱段载荷 - 位移曲线和形函数的解析模型；基于最小余能原理、经典层合板理论和蔡 - 希尔失效准则推导了压缩强度的解析表达式，并通过解析表达式解释了复合材料舱段表现出典型三阶段载荷位移关系的原因；基于最小余能原理，建立了复合材料螺旋结构压缩大变形的解析解等。这些解析模型可用于可折叠并自展开柔性复合材料典型件的设计。

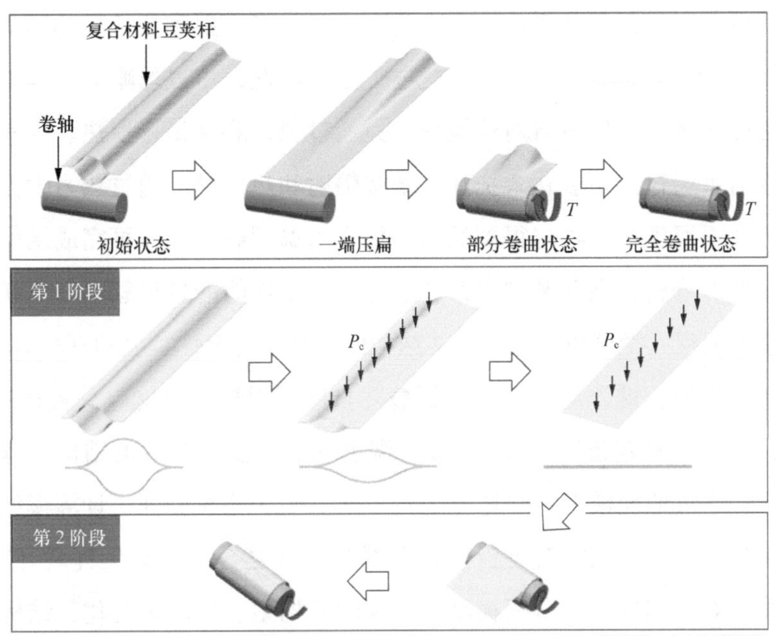

图8　可折叠并自展开柔性复合材料豆荚杆折叠过程

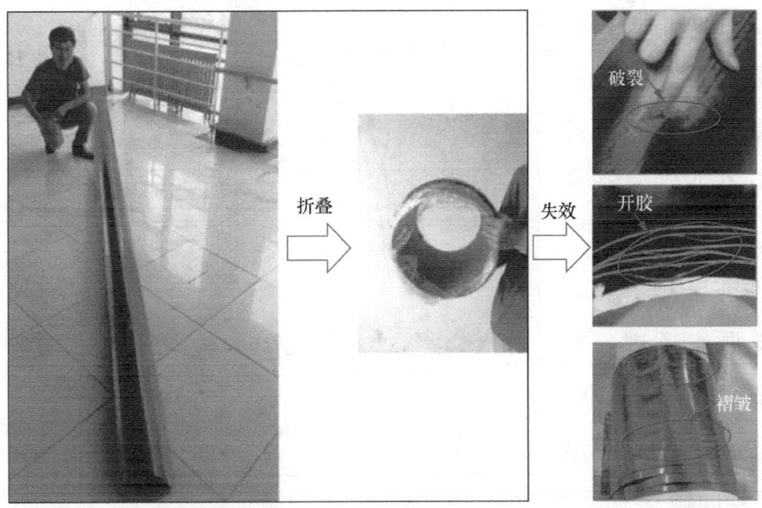

图9　可折叠并自展开柔性复合材料豆荚杆折叠过程典型失效模式

2. 可折叠并自展开柔性复合材料结构展开状态性能分析

如图 10 所示，可折叠并自展开柔性复合材料结构在服役状态下，既会受到空间环境，如高真空、太空热沉、紫外辐射、太阳辐射、地球红外辐射、地球反射辐射等的影响，也会受到自身红外辐射和热传导的影响。由于空间环境仅有极其少数的大气逃逸分子，因此，可以忽略大气因素对结构热强度的影响，即没有对流换热，只通过辐射和热传导换热。空间环境热流载荷可通过解析表达式描述，结构辐射和热传导可通过热力学方法进行分析获得温度场，再将得到的温度场作为温度载荷，即可完成结构热应力和热变形分析，在此基础上，考虑材料力学性能的变化和热变形联合作用，基于工程力学分析方法，评估结构的刚度、稳定性、振动基频等性能。考虑空间环境，课题组建立了可折叠并自展开柔性复合材料豆荚杆的热-固耦合模型，有效预测了极热 / 极冷温度和极大温差导致的结构热弯曲性能等，并通过地面模拟空间环境试验（见图 11）系统验证了计算模型的有效性（见图 12）[28]；针对可折叠并自展开柔性复合材料豆荚杆展开状态，课题组建立了屈曲失稳分析模型，发现随着构型、铺层等变化，结构的失稳机理包括局部屈曲和整体屈曲两种模式，整体屈曲符合经典欧拉屈曲规律，但局部屈曲存在非常复杂的非线性规律，而且对边界条件非常敏感。此外，课题组还进一步研究了结构横向弯曲、扭转以及高 / 低温环境下的失稳问题[29-31]。

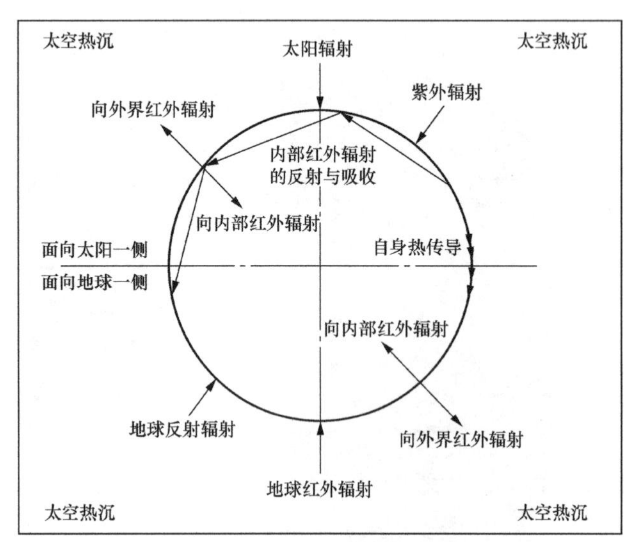

图 10　可折叠并自展开柔性复合材料结构与空间环境热交换

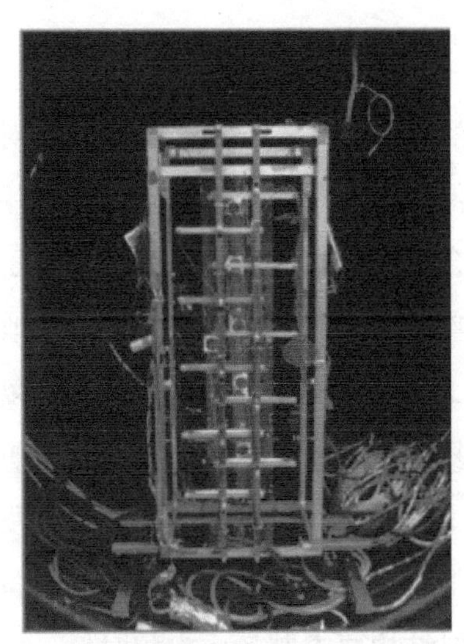

图 11 可折叠并自展开柔性复合材料豆荚杆模拟空间环境试验

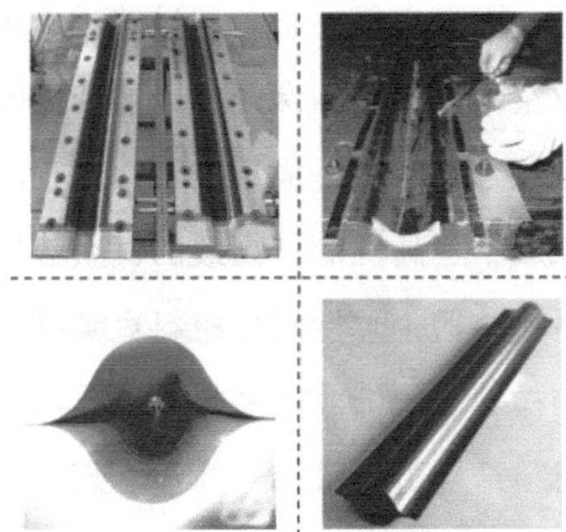

图 12 可折叠并自展开柔性复合材料豆荚杆实验室级制备工艺

3. 可折叠并自展开柔性复合材料结构所用材料体系研制

树脂基复合材料常用的基体树脂一般可以分为热固性和热塑性两大类，根据成型工艺方式不同又可以分为树脂传递模（Resin Transfer Molding，RTM）成型树脂和预浸料级树脂等。可折叠并自展开柔性复合材料结构属于薄壁的结构，从成型工艺可行性、成本等因素考虑，不适合采用 RTM 成型工艺，比较适合使用热压罐或者真空袋等成型工艺。可折叠并自展开柔性复合材料结构的使用条件通常为极端高 / 低温度、空间辐照等空间环境，因此，所选用的基体树脂必须能耐受空间环境下长期使用（折叠 / 展开）过程存在的大变形，为了防止其折叠 / 展开时由于韧性不足导致的破坏，要考虑用韧性较好的基体树脂，或者引入增韧方法进一步提高材料的韧性。综合以上因素，结合现有研究条件，课题组研制了韧性和耐空间环境均符合要求的碳纤维 / 环氧树脂体系及其专用预浸料。为了进一步提高韧性和适当调节刚度，还在该复合材料的单层间进行了增韧。

4. 可折叠并自展开柔性复合材料结构制备工艺

传统的热压罐成型工艺虽然质量优良但成本高昂、尺寸精度相对较低，而真空袋成型工艺虽然成本很低，但成型质量又相对较低，不适用于复杂结构成型。课题组以可变体柔性复合材料结构为对象，系统研究了典型复合材料制备成型工艺，基于结构 - 功能 - 制造一体化思想，通过改进低成本、高性能、高效的真空热压成型工艺，实现了典型可变体柔性复合材料结构（柔性复合材料豆荚杆、柔性复合材料铰链、柔性复合材料螺旋结构等）的低成本高效制造。由于采用了整体化制备思想，所获得的复合材料结构更加可靠、简洁、高效，实现了对复杂结构和大型结构的制备成型，解决了可折叠并自展开柔性复合材料结构要求制备成本相对低、成型质量高、尺寸精度高的难题。值得一提的是，课题组在国内最早成功掌握了可折叠并自展开柔性复合材料豆荚杆的研制技术，并掌握了 60 m 以上超长可折叠并自展开柔性复合材料结构的制备工艺（见图 13）[31]。

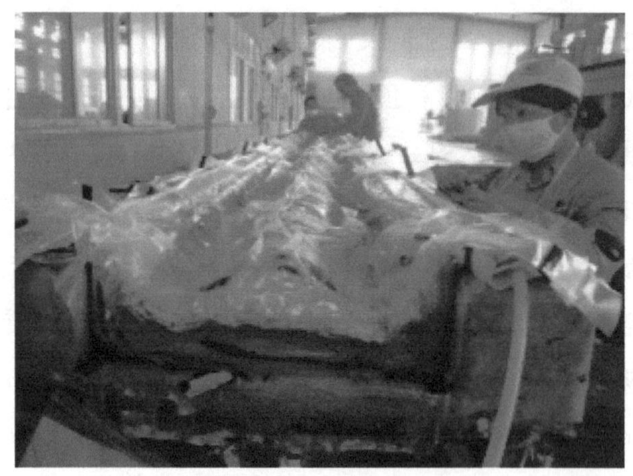

图 13　超长可折叠并自展开柔性复合材料豆荚杆的制备工艺

5. 可折叠并自展开柔性复合材料结构功能验证

由于可折叠并自展开柔性复合材料结构使用环境和条件极端苛刻，在其设计和验证过程中，需要提供各种非标准测试方法测得的力学性能数据作为输入，才能保证设计方案满足工程技术指标要求，这涉及测试理论方法依据、试验件设计、试验夹具设计、测试系统集成与实现等。为此，课题组开发了非标准力学性能测定的试验方法、夹具、装置、测试系统等，并搭建了测试平台，实现了双轴拉伸性能、撕裂阻抗、柔性结构卷曲性能、超长结构的压缩稳定性、模拟空间环境传热等关键性能的非标准试验测定，并将测量结果与理论模型预测结果进行相互验证，相关方法可为行业标准制定提供依据和参考。图 14 所示为可折叠并自展开柔性复合材料舱段的折叠变形试验。此外，课题组还研制了基于可折叠并自展开柔性复合材料豆荚杆的遮阳帆样机（见图 15）。

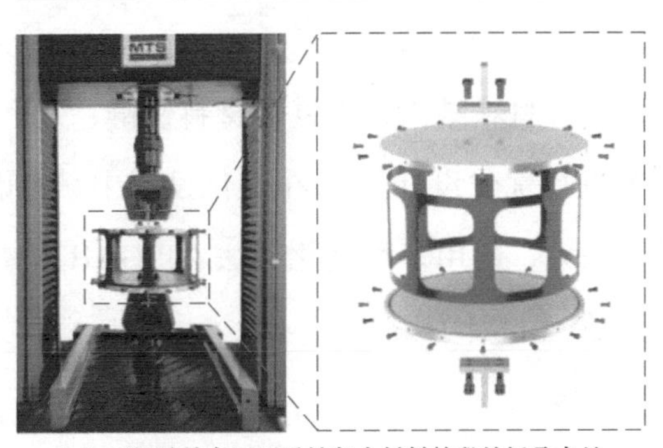

（a）可折叠并自展开柔性复合材料舱段的折叠夹具

（b）可折叠并自展开柔性复合材料舱段的折叠过程

图 14　可折叠并自展开柔性复合材料舱段的折叠变形试验

6. 可折叠并自展开柔性复合材料结构多目标优化设计

多目标优化设计已经广泛地应用于工程结构中，用于寻找工程结构的最佳设计方案。课题组根据实际应用中不同性能需求，对多个典型的可

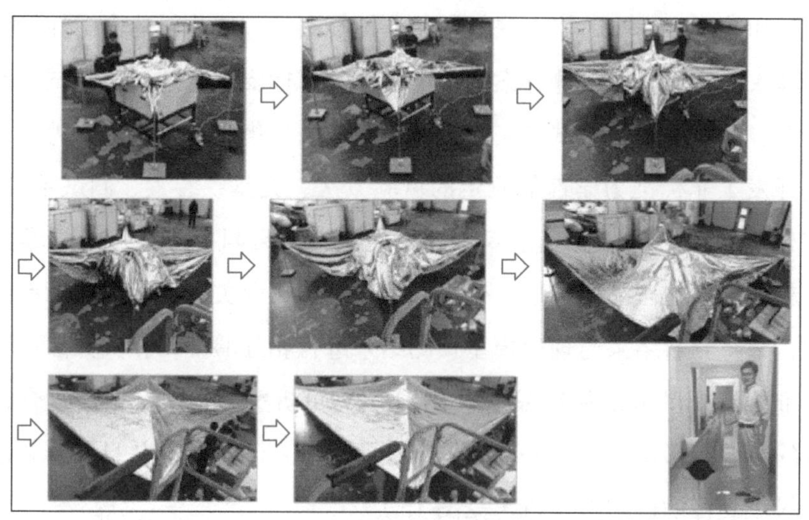

图 15　基于可折叠并自展开柔性复合材料豆荚杆的遮阳帆样机

折叠并自展开柔性复合材料结构，如复合材料铰链、复合材料螺旋结构、复合材料豆荚杆等进行优化设计[32]。在优化设计中，考虑了多个优化目标、设计变量以及约束，使用多种进化算法 (NSGAII、MOEA/D、MTS、RVEA 等)，获得了最优设计方案。

结语

可折叠并自展开柔性复合材料结构具有结构简单、整体化程度高、机械性能优异、自重小等优点，近年来成为航天复合材料结构的研究热点和前沿。国内外研究人员针对可折叠并自展开柔性复合材料结构提出了一些技术解决方案，并开展了大量的理论、数值模拟和试验研究，然而现有的概念方案存在一定局限性。因此，为解决现有的可折叠并自展开柔性复合材料结构的不足，使其功能特性和综合力学性能更加优异全面，提出一些新型可折叠并自展开柔性复合材料结构概念设计方案，开发适用于大变形柔性复合材料结构的新型材料体系，建立高精度的理论预测方法和有限元模型，提出高效的优化设计方法，可折叠并自展开柔性复合材料结构低成本高质量制备和功能验证，定量化精确评价可折叠并自展开柔性复合材料结构的可靠性，仍是需要重点关注课题。

参考文献

[1] IKEYA K, SAKAMOTO H, NAKANISHI H, et al. Significance of 3U CubeSat OigamiSat-1 for space demonstration of multifunctional deployable membrane[J]. Acta Astronautica, 2020(173): 363-377.

[2] RAMAZANOVA R E, ALIFANOV M O. Promising manned spacecraft for a long-duration flight with a flexible inflatable shell[J]. Journal of Space Safety Engineering, 2021, 8(4): 259-265.

[3] LIU T, LIU L, YU M, et al. Integrative hinge based on shape memory polymer composites: Material, design, properties and application[J]. Composite Structures, 2018(206): 164-176.

[4] LIU T W, BAI J B, LIN Q H, et al. An analytical model for predicting compressive behaviour of composite helical structures: considering geometric nonlinearity effect[J]. Composites Structures, 2021(255). DOI: 10.1016/j.compstruct.2020.112908.

[5] LIU T W, BAI J B, FANTUZZI N. Folding behaviour of the thin-walled lenticular deployable composite boom: analytical analysis and many-objective optimization[J]. Mechanics of Advanced Materials and Structures, 2022: 2053766.

[6] LIU T W, BAI J B. Folding behaviour of a deployable composite cabin for space habitats-Part 1: Experimental and numerical investigation. (Submitted to Composite Structures)

[7] SILVER M J, WARREN P. Dynamic modeling of the folding of

multi-shell flexible composites[C]// 51th AIAA/ASME/ASCE/AHS/ASC Structures, Structural Dynamics and Materials Conference. Reston, VA: AIAA, 2010. DOI:10.2514/6.2010-2699.

[8] LIU T W, BAI J B, FANTUZZI N, et al. Multi-objective optimisation designs for thin-walled deployable composite hinges using surrogate models and Genetic Algorithms[J]. Composite Structures, 2022(280). DOI: 10.1016/j.compstruct.2021.114757.

[9] SAKOVSKY M, PELLEGRINO S. Closed cross-section dual-matrix composite hinge for deployable structures[J]. Composite Structures, 2019(208): 784-795.

[10] SOYKASAP Ö. Deployment analysis of a self-deployable composite boom[J]. Composite Structures, 2009(89): 374-381.

[11] BAI J B, XIONG J J, GAO J P, et al. Analytical solutions for predicting in-plane strain and interlaminar shear stress of ultra-thin-walled lenticular collapsible composite tube in fold deformation[J]. Composite Structures, 2013(97): 64-75.

[12] BAI J B, CHEN D, XIONG J, et al. Folding analysis for thin-walled deployable composite boom[J]. Acta Astronautica. 2019(159): 622-636.

[13] CHU Z Y, HU J, YAN S B, et al. Experiment on the retraction/deployment of an active–passive composited driving deployable boom for space probes[J]. Mechanism and Machine Theory, 2015(92): 436-446.

[14] MCHALE C, TELFORD R, WEAVER P M. Morphing lattice boom for space applications[J]. Composite Part B, 2020(202). DOI: 10.1016/j.compositesb.2020.108441.

[15] TAN L T, PELLEGRINO S. Thin-shell deployable reflectors with

collapsible stiffeners part 1: approach[J]. AIAA Journal, 2006, 44(11): 2515-2523.

[16] STILES L, CARRETT J. Development of deployable aperture concepts for CubeSats[C]// 51th AIAA/ASME/ASCE/AHS/ASC Structures, Structural Dynamics and Materials Conference. Reston, VA: AIAA, 2010. DOI: 10.2514/6.2010-2609.

[17] DATASHVILI L, MAGHALDADZE N, BAIER H, et al. Enabling technologies and architectures at LSS Gmbh for European large deployable and reconfigurable reflector antennas[R]. DeutscherLuft-undRaumfahrtkongress, 2017.

[18] ABBAS H, TYAGI B L, ARIF M, et al. Curved fold model analysis for axi-symmetric axial crushing of tubes[J]. Thin-Walled Structures, 2003(41): 639-661.

[19] SOYKASAP O. Deployment analysis of a self-deployable composite boom[J]. Composite Structures, 2009(89): 374-381.

[20] KELLER P N, LAKE M S, CODELL D, et al. Development of elastic memory composite stiffeners for a flexible precision reflector[C]// 47th AIAA/ASME/ASCE/AHS/ASC Structures, Structural Dynamics, and Materials Conference. Reston, VA: AIAA, 2006. DOI: 10.2514/6.2006-2179.

[21] BOGETTI T A, GILLEPIE J W. Process induced stress and deformation in thick-section thermoset composite laminates[J]. Journal of Composite Materials, 1992, 26(5): 626-660.

[22] HAHN H T, PAGANO N J. Curing stresses in composite laminates[J]. Journal of composite materials,1975, 9(1): 91-108.

[23] LOOS A C, SPRINGER G S. Curing of epoxy matrix composites[J]. Journal of composite materials, 1983, 17(2): 135-169.

[24] FRISCH H P. Thermal bending plus twist of a thin-walled cylinder of open section with application to gravity gradient booms[J]. NASA Technical Note, 1967. DOI: 10.2514/3.29543.

[25] THORNTON E A, KIM Y A. Thermally induced bending vibrations of flexible rolled-up solar array[J]. Journal of Spacecraft and Rocket, 1993, 30(4): 438-448.

[26] GIVOLI D, RAND O. Thermo-elastic analysis of space structure in periodic motion[J]. Journal of Spacecraft and Rockets. 1991(4): 457-464.

[27] WANG L W, BAI J B, SHI Y. Simplified Analytical Model for Predicting Neutral Cross-Section Position of Lenticular Deployable Composite Boom in Tensile Deformation[J]. Materials, 2021, 14(24). DOI: 10.3390/ma14247809.

[28] BAI J B, SHENOI R A, XIONG J J. Thermal analysis of thin-walled deployable composite boom in simulated space environment[J]. Composite Structures, 2017(173): 210-218.

[29] BAI J B, XIONG J J. Temperature effect on buckling properties of ultra-thin-walled lenticular collapsible composite tube subjected to axial compression[J]. Chinese Journal of Aeronautics, 2014(27): 1312-1317.

[30] 林秋红, 白江波, 从强. 超长可折叠复合材料豆荚杆轴向压缩屈曲性能测定方法研究[J]. 航空制造技术,2019, 62(4): 51-54.

[31] 白江波, 熊峻江, 高军鹏, 等. 可折叠复合材料豆荚杆的制备与验证[J]. 航空学报, 2011, 32(7): 1217-1223.

[32] BAI J B, LIU T W, WANG Z Z, et al. Determining the best practice–optimal designs of composite helical structures using genetic algorithms[J]. Composites Structures, 2021(268). DOI: 10.1016/j.compstruct.2021.113982.

白江波，北京航空航天大学交通科学与工程学院副教授（教研系列）、博士生导师，中国力学学会 MTS 材料试验协作专业委员会委员，2 本 Q1 区 SCI 国际期刊客座编辑，国家自然科学基金函评专家。长期从事先进复合材料结构力学设计与制备工艺、复合材料结构适航、功能复合材料结构等工作。围绕结构 - 功能一体化可变体柔性复合材料结构的关键问题，在材料设计及性能优化、大变形功能与高展开性能机理、制备成型工艺与性能测试表征与评价、机电一体化折展机构设计等方面开展工作，形成了较为系统的设计与验证方法，研制出一系列可变体柔性复合材料结构（例如国内最早成功研制出可折叠复合材料豆荚杆等柔性结构、新概念充气展开钢化复合材料结构、新型柔性复合材料蒙皮及其变体飞机验证机等）。主持国家自然科学基金（面上、青年项目）、国防基础科研计划、军品配套课题等课题 40 余项。以第一或通信作者在 *Composite Structures*、*Composites Part B: Engineering*、*Acta Astronautica* 等业内公认的国际期刊发表 SCI 论文 20 余篇，申请国家发明专利 40 余项（授权 22 项），出版学术专著 1 部。2018 年入选北京航空航天大学“青年拔尖人才”支持计划，指导的学生连续 2 年（2020、2021）获全国机械工业设计创新大赛金奖。

刘天伟，北京航空航天大学交通科学与工程学院博士研究生。研究方向为柔性复合材料结构。目前，已经获得全国机械工业设计创新大赛金奖 2 项，以第一作者发表 Q1 区 SCI 论文 5 篇，授权国家发明专利 10 余项。

智慧巡天与以柔克刚
——太空安全中的新技术

北京航空航天大学宇航学院

钟 睿 任 和

星辰大海，自古便是中华民族的梦想和目标。从后羿射日到万户飞天，从东方红一号到天宫空间站，中华民族对星空的向往和探索从未停息。进入21世纪，航天技术取得了巨大进步，一方面为人类生产生活都带来巨大便利，对国家安全、经济发展、资源开拓等方面的影响越来越大，为未来世界的发展提供了无限可能，太空也成为大国博弈的新战场，各大国竞相发展太空装备，力争占据优势地位；另一方面，全球每年发射的航天器数量不断增加，太空日益拥挤，在轨航天器发生碰撞的概率与日俱增，给在轨航天器的运行安全带来巨大挑战。保障太空安全已经成为未来航天发展中不可忽视的重要课题，发展太空安全技术刻不容缓，是功在当代，利在千秋的伟大工程。

为什么要发展太空安全技术

安全，是发展的前提。纵观整个人类的发展史，只要有利益存在的疆域，冲突总是如影随形。人类第一次从地上捡起石块、木棍，就发现了其作为武器的重要属性。从石器到大刀长矛，再到现代高科技武器，技术的发展并没有让人类的冲突减少，反而愈演愈烈。21世纪以来，我们进入了太空时代，以史为鉴，可以知兴替，保障太空安全是眼下不得不考虑的课题。

1. 太空安全技术日趋重要

提到太空安全，你或许会想到电影中激烈的星系战争，是三体里遥远文明的残酷入侵，又或是漫威电影里灭霸率领的数不清的太空军队。实际上，这些艺术作品里构建的关于太空威胁的表述增加了绚丽的想象，现实中的太空安全问题没有浪漫的艺术表达手法，但是在细节和技术层面远比电影中的复杂，如同悬在头顶的达摩克利斯之剑，时刻对国民安全和社会发展造成威胁。

现如今，太空中的卫星（见图 1）已与每个人的生活息息相关，对于汽车驾驶员来说，没有卫星导航，他们可能在陌生城市里寸步难行；对于国家来说，卫星在农业、气候、生态、军事等方面的重要程度，如同一个系统的“眼睛”一般。想要摧毁一个系统，最简单的方式就是戳瞎它的眼睛。摧毁一颗在轨卫星，除了发射地面导弹攻击外，通过在轨卫星机动变轨的方式抵近目标卫星，侦察、捕获、破坏其关键部件使其自然坠毁，是收益最高的方式之一。

图 1　太空中的卫星

2. 太空安全挑战迫在眉睫

美国天军作战部长雷蒙德认为：“从长远来看，太空将超越陆地、海洋、天空成为国家安全最重要的领域。”在军事建制上，世界上各航天大国建设太空军已成为趋势。2019 年，美国成立太空发展局、太空司令部和太空军 3 大机构，欧洲各国、印度和日本纷纷效仿，计划建立自己的太空军队。在太空武器方面（见图 2），各大国也均不遗余力，美国计划在未来几年里投入 90 亿美元发展太空攻防能力，构建由数百颗卫星组建的太空攻防系统；俄罗斯发展“努多利”机动反卫星系统、“隼”空基激光反卫星武器；法国开启“太空大师”计划，要在卫星上部署激光武器和其他自卫装备[1]。

图 2　太空武器想象

除了来自敌方卫星的威胁，航天器在轨运行还要提防一些“小可爱”——太空垃圾。航天事业在蓬勃发展的同时，太空环境也变得愈发拥挤，卫星碰撞和太空垃圾问题不可避免。根据美国国家航空航天局统计，地球轨道上约有 2600 颗报废卫星和近亿块大小不一的太空碎片（见图 3）。自 2009 年美国卫星与俄罗斯报废卫星发生第一起卫星相撞先例后，航天器因撞击而受损的案例越来越多。2013 年，俄罗斯的一颗科研卫星在撞上质量不到 1 g 的太空垃圾后顷刻间成为碎片。2021 年，两颗星链卫星危险机动，尝试接近我国天宫空间站，我国空间站被迫采取紧急避碰措施。随着时间的推移，未来太空中影响航天器运行安全的碎片数量必然呈指数倍数增长，为了航天环境的健康发展，研发处理太空碎片的技术成为必然。

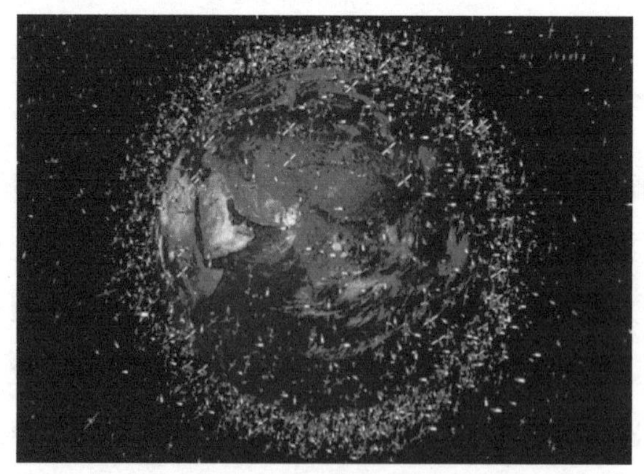

图 3　欧洲航天局发布的模拟围绕地球旋转的约 12 000 块太空碎片分布的计算机合成照片（新华社图片）

所以，将一颗造价不菲的卫星送入太空之后，并不是说便高枕无忧了，在轨运行的卫星还要时刻注意来自各方的威胁。发展太空安全技术对于保卫我国太空安全、促进国家稳步发展具有重大意义。

发展成熟的太空安全技术

空间攻击、空间防御和空间态势感知是目前发展得比较成熟的太空安全技术。空间攻击是指我方卫星通过在轨机动接近敌方卫星，利用携带的反卫星武器进行攻击使敌方卫星坠毁或失效。空间防御是指在空间部署的能够保护自身不受空间威胁的防御系统，这些威胁包含来自敌方卫星的攻击、太空碎片等。空间防御系统通常以若干小卫星以编队形式组成防御区，当侦察到威胁时，小卫星将采用各种方法对来袭威胁进行拦截。空间态势感知是对空间目标的信息获取、信息处理、态势的认知以及对空间环境监测的行动，是确保空间安全、保障空间任务顺利进行的基础。

1. 空间攻击

空间攻击和空间防御的首要前提便是轨道机动。其中，空间攻击的轨道机动方式为轨道追逃（见图 4）。

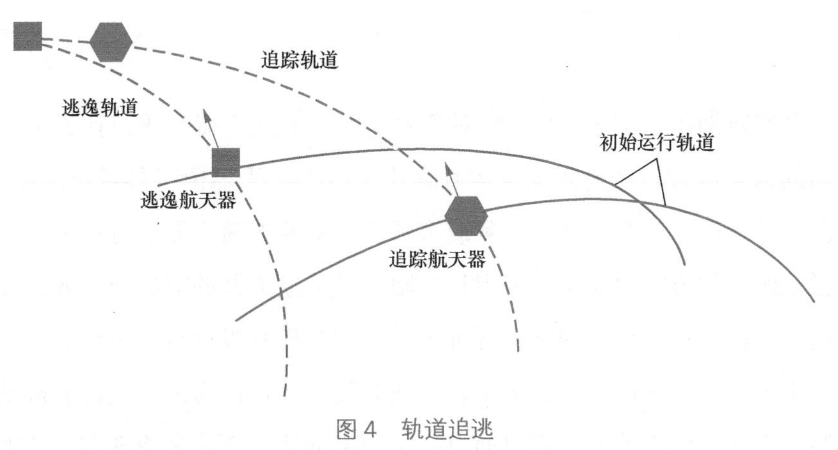

图 4　轨道追逃

轨道追逃是最常见的轨道博弈问题，表现为追踪者（追踪航天器）对目标（逃逸航天器）的主动靠近或目标对追踪者的主动远离。轨道追逃包括一对一、一对多和多对多等不同任务模式[2]。在一对一任务模式下，从追踪者的视角来看，当目标不能侦察到威胁，即目标不能机动时，此时追踪者需要对自己的机动策略进行优化，使自己能在燃料消耗最少或机动时间最短的前提下成功捕获目标。当目标能机动时，此时的轨道追逃问题变成经典的博弈问题，双方的决策都要尽可能地使自己的收益最大化（成本最低）。在一对多或者是多对多的任务模式下，决策会变得更加困难，星群之间信息共享机制对任务的成败至关重要，单星的决策不再只考虑自己所处的条件，还要考虑联合追击问题。联合追击时，单星机动收益的最大化，不仅能减少燃料消耗，还是决定任务成功的关键因素。目前，解决此类问题的常用方法是基于微分对策的轨道博弈策略，博弈论是专门研究和刻画多参与者在合作或对抗场景中相互作用的理论，在博弈的过程中，每个参与者的实施策略是通过成本函数来定义的，每个参与者会试图通过改变自身状态来优化自身的成本函数，使得自己的收益最大。常用的基于微分对策的轨道博弈策略主要有两种：一种是基于梯度的博弈控制理论；另一种是基于哈密尔顿函数的最优博弈策略。无论是哪种方法，博弈策略本质上都是针对成本函数的设计。

2. 空间防御

空间防御（见图 5）的研究对象除了敌方的航天器，还包括大量在轨运动的太空碎片。相对于太空碎片来说，敌方航天器由于具备机动能力，情况更加复杂，当敌方派出一颗或多颗卫星对我方航天器进行追击、围捕和拦截时，我方需要派出护卫卫星，阻止敌方航天器的前进趋势或破坏敌方航天器的进攻态势，使敌方任务失败。太空碎片没有自主机动能力，一般是不可控的。所以对于此类干扰，我方航天器可以通过自主轨道机动来摆脱太空碎片的干扰，也可以通过一定的主动清除方法来清理在轨的太空碎片，以保证我方航天器的稳定运行。

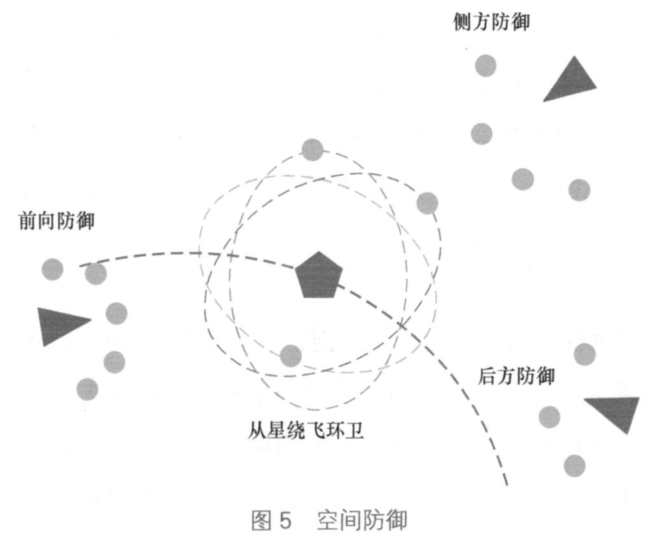

图 5　空间防御

目前比较成熟的主动清除方法是空间飞网捕捉技术，该技术使用航天器自身携带的类似“磁网”的载荷或自身携带机械臂的微型卫星来主动抓取太空碎片，并将其带离轨道。这种技术也可以用来捕获敌方航天器带来的威胁，以保障我方航天器的安全。

空间飞网捕获技术属于在轨捕获（On-Orbit Capture，OOC）技术的一种，是在无人参与的情况下实施对空间目标抓捕的技术。基于该技术的柔性飞网在轨捕获系统由自由飞行平台与飞网弹射捕获装置组成，在姿态动力学方面与绳系卫星有一定的相似之处，但在飞网弹射捕获目标过程中系统质量特性变化较大。飞网本身具有尺度较大的特点，可以实现远距离、宽范围误差容错捕获，但是飞网的大尺度特点也造成飞网本身的动力学较为复杂（融合了柔性绳索动力学、刚体动力学、摩擦与碰撞等），同时飞网的展开过程还存在较强的非线性[3]。飞网弹射的相对位置、弹射速度及方位等参数决定了交会对接（捕获空间目标）的精度，与传统交会对接相比，由于飞网质量较轻，受干扰显著，可能带来较大的交会误差，因此需要对自由飞行平台的接近策略进行规划，并对弹射速度及方位等参数进行设计。空间飞网捕获为之后的拖曳变轨操作奠定了基础。在飞网拖曳过程中，自由飞行平台的机动可能引起系统状态，如系绳张力、星间相对速度等参数的突变，从而带来系绳的松弛、缠绕及星体间碰撞等风险。这对自由飞行平台的机动策略、系绳的摆振幅值、角速度范围等都提出了一定的要求，进而对飞网拖曳过程的变轨方案设计也提出了相应的限制条件。

3. 空间态势感知

近年来，随着空间竞争的日益加剧，空间态势感知的重要性日趋凸显，在太空攻防领域，针对以卫星为主的空间重点目标的攻击、保护和在轨服务技术成为重要的研究方向。自主而准确地识别敌方卫星特征部件的种类和位置对于阻击敌方卫星、抓捕太空碎片、摧毁敌方卫星关键部件等任务十分重要。常见的敌方卫星特征部件包括太阳能帆板、天线、星敏感器、推进系统等。对敌方卫星关键部件的识别，不仅有助于我方判别敌方卫星的姿态，甚至能推断对方下一步动作的意图。现有的采用角点检测或传统的图像处理技术，往往针对的是具有特殊形状的部件，如圆形的对接环，其智能化水平较低，随着航天任务的不断升级，常规方法识别的精度下降较为明显。因此，如何高精度、高准确度、高效率地完成对敌方卫星的智能感知，全面获取敌方卫星的信息成为关键问题。

新时代的太空安全技术——智慧巡天与以柔克刚

随着计算机性能的突破与高效算法的不断发展，人工智能近年来在众多领域都取得极大的进展。与传统技术相比，人工智能在精度、效率、实时性和预测性等方面拥有明显优势。关于太空安全的任务是一个典型的根据观测器观测环境获得信息，经过逻辑推理做出决策的知识处理过程，人工智能在解决这种通过数据处理获得特征信息，并经过判断和筛选得出结论的任务具有天然优势。同时，太空环境广袤无垠，环境噪声与干扰对决策有很大影响，人工智能在应用于局部环境未知的高动态环境时，能够综合所获得的实时感知信息进行合理决策，从而获得较高的任务满意度。

1. 智慧巡天，人工智能在太空领域的应用

与太空安全问题相关的航天任务比一般在轨任务更加复杂，对于智能性和自主性要求也更高，越来越多的航天科研工作者正使用人工智能来帮助航天器更好地执行任务。

在轨道追逃问题中，追踪者的机动策略不仅要保证任务的成功，还需要尽可能地使自身机动消耗的燃料最少或者机动时间最短。传统方法想要得到最优的机动策略，往往要进行大量的计算。在复杂的场景下，如空间环境里存在难以准确建模的摄动、航天器搭载复杂挠性附件时，机动策略有时候还很难得到可靠的解。使用强化学习或深度学习与传统控制相结合，利用神经网络强大的拟合与预测能力，根据任务需求以及追踪者与目标航天器的当前状态，对追踪者未来一段时间的轨迹进行规划，并输出想要的控制指令，就能有效提高制导与控制精度，满足任务实时性的需求。深度学习与强化学习的本质都是训练神经网络模型，使神经网络模型学习任务基本的规律和特征，当神经网络模型收敛时，再将当前任务的状态输入神经网络模型中，神经网络模型便能实时地给出当前的最优操作。深度学习与强化学习虽然相似，但又有些区别。深度学习是数据驱动的方法，当我们想得到一个合格的神经网络模型时，我们需要提前准备好大量准确的数据，并利用这些数据去训练神经网络模型，这是典型的有监督学习。准备的数据越全面，神经网络模型的能力相应也会越强。强化学习则是基于马尔可夫模型的机器学习，与常见的有监督学习和无监督学习不同，它是通过当前状态信息选择智能体进行动作，并不断与环境模型交互，从而获得带有奖励信息的交互数据，利用奖励来训练网络模型。当环境模型足够精确时，基于强化学习的系统不受标注数据的影响，可以利用较少的训练成本，使系统不断地自主学习。总体来说，强化学习即利用智能体不断探索与试错的方式与环境模型进行互动，利用环境模型给出的正 / 负奖励

来进行学习，智能体探索的空间越大，网络模型的能力也会越强。

在航天器转移轨迹规划、自适应轨迹制导、轨迹可行性快速评估、燃料最优、小推力转移轨迹优化等问题上，人工智能都取得了出色的成果。例如，采用传统轨迹规划方法，生成大量不同工况下的转移轨迹，利用这些转移轨迹数据去训练神经网络模型，使收敛的神经网络模型可以用来判断轨迹的可行性与燃料的最优性；利用神经网络强大的特征提取能力，组合不同特征进行机器学习，训练神经网络模型学习时间最优的小推力抬升轨迹，帮助航天器快速进行最优轨迹的精准估计。这些成果降低了转移轨迹任务的设计难度。在空中对抗任务中，基于强化学习建立脉冲机动优化策略，能提高规避碰撞的可能性，为空中对抗任务提供技术支持。

2. 以柔克刚，绳系卫星在空间对抗中的新角色

在太空碎片、报废卫星等的清除任务中，各种新技术也在不断发展。

针对太空碎片、报废卫星等非合作目标或快或慢的无规律自由翻滚运动，目前已经提出了包括采用小型机械臂、飞网、飞爪等在内的多种在轨捕获方法及采用电动力系绳、太阳帆、阻力增强装置等的碎片离轨方案，若能做到抓捕前将这些非合作目标的转速减慢或直至静止，即消旋处理，将有利于后续的直接捕获及回收处理。绳系卫星在该任务领域中扮演着重要的角色（见图 6），相关研究目前主要集中在飞网、飞爪等捕获机构的设计中。绳系卫星的主要原理：系绳的动量交换特性——旋转或稳定构型的系绳能够交换绳端两星体之间的轨道能量；系绳的能量转换特性——导体系绳穿越地磁场时由于电磁效应产生感生电势，进一步通过绳端辅助设备和近地空间等离子体层组成回路，完成轨道能量和电热能之间的转化；两者的综合应用——美国 MXER（Momentum eXchange and Electrodynamic Reboost）计划中的绳系结构是一种利用电动力提升轨道来补充动量交换时损失的机械能，从而能够多次进行轨道转移的创新系统[4-5]。

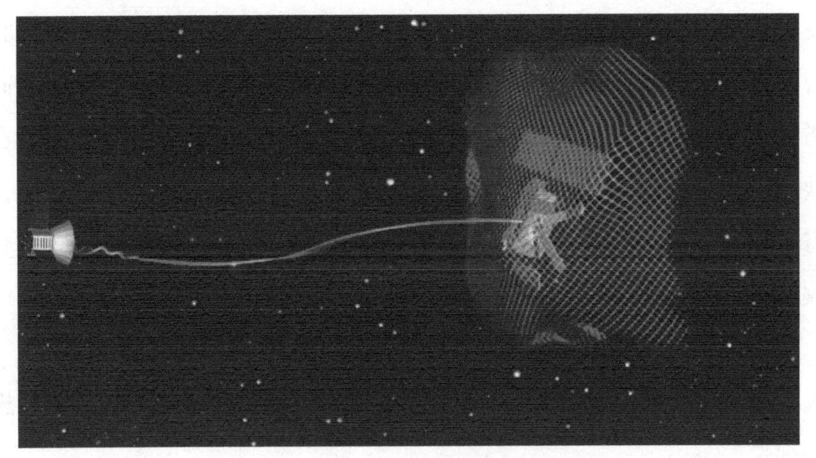

图 6　利用绳系卫星原理清除报废卫星

飞网捕获拖曳技术的优势在于它是一种软捕获，对非合作目标的适应性较好，同时应该看到，系绳拖曳相比于刚性拖曳更节省质量，能够实现更大星间的尺度。飞网拖拽过程中一个非常关键的问题是系绳的摆振抑制和张力保持，其间联合体（自由飞行平台和目标星）和传统的绳系卫星系统是相似的，绳系卫星领域关于系绳控制的研究成果也可以应用于飞网拖曳系统。

未来的太空安全技术

在未来，太空安全技术必将进一步蓬勃发展，在轨服务飞行器的数量将越来越多，功能越来越强，任务越来越复杂。若每一颗在轨航天器的运行都需要地面指挥人员去给出操作指令，判断工作情况，那将是巨大的人力资源消耗。所以，具备高智能性和强自主性的航天器既是未来航天发展的重要方向，也是保障未来太空安全的时代需求。

1. 未来太空安全技术可能的发展趋势

在太空安全方面，基于群体智能的航天器群防御网络显然是未来重要的发展方向，基于多智能体协同合作，即每个航天器都会有一个训练收敛的智能体接管其在轨所有任务的控制、指挥，在重大决策问题上，会同地面指挥员沟通，在遵循地面指挥员的控制指令下，给出自己的判断。在面对敌方卫星群的侵犯或不同寻常的变轨机动时，各智能体能综合环境，任务需求，敌方航天器数量、方位等信息，做出合理的调度、安排，使其综合收益最高。

上述虽然只是对未来太空安全技术的猜想，但我们相信，只要我等航天人不断努力，不断发展自己的技术，未来的太空肯定会比电影里的想象更加绚烂。

2. 智能太空技术的挑战与机遇

人工智能目前在应用方面仍有很多需要留意的问题。一是控制器稳定性的保障问题，传统航天器姿态或轨道控制方法基于严格的稳定性证明来设计，在对误差和不确定性进行严格估计后，设计的控制律能保证航天器在轨的稳定运行。基于人工智能的方法，主要通过深度神经网络模型对大量数据的关键特征进行提取，并经过漫长的训练，使深度神经网络模型不断逼近最优控制律，虽然这种方法在很多任务中表现很好，但是没有严格的稳定性证明过程，这是亟待解决的问题。二是新一代人工智能要想在航天器上使用，一般遵循的方式是地面训练、星上应用的方式，但是星载计算机的计算能力远不如地面的服务器等计算工具，在轨调整控制策略困难重重，加上训练环境与在轨实际情况存在出入，未来在轨学习的要求必定越来越高，如何解决星上再学习的问题也是人工智能能否在航天器上快速发展的核心问题。

目前，解决上述问题的关键方向之一是发展具备物理信息的深度神经网络（Physical Informed Neural Network）[6]。我们发现，使用人工智能去完成航天器的控制任务时，目前大多数方法都是在利用神经网络模型强大的逼近能力与特征提取能力，而对于任务中存在的大量先验信息，如航天器在轨运行必须满足的动力学方程、基本的物理规律以及航天科学家几十年来积累的经验知识，在加速神经网络模型的训练中还没有用到。目前许多学者已观察到这一现象，正尝试使神经网络模型在初始化时便具备一定的先验信息，使得可以使用少量样本便能使神经网络模型收敛，增强神经网络模型的鲁棒性，泛化性能。该方案也是智能方法突破目前瓶颈与困境的重大机遇。

结语

随着科学技术的不断发展，陌生、神秘、遥远的太空也慢慢为我们所熟悉，且渐渐成为我们生产生活中不可或缺的一部分。可以预见，在未来的许多领域，航天科技都将是极为重要的高地，其战略意义与重要价值不言而喻，必将是各大国和组织想要抢占的阵地。未来，太空安全技术作为航天发展的重要保障手段，必将是研究热点之一。此外，人工智能作为近几年最活跃的技术，与航天领域结合具备独特优势，如何取长补短，相辅相成，实现两者“一加一大于二”的效果，是挑战，更是机遇。

参考文献

[1] 中国现代国际关系研究院太空安全课题组. 第三太空时代的安全挑战与规则构建[J]. 当代世界, 2022(2): 47-51.

[2] 赵力冉, 党朝辉, 张育林. 空间轨道博弈: 概念、原理与方法[J]. 指挥与控制学报, 2021, 7(3): 215-224.

[3] 于洋, 宝音贺西, 李俊峰. 空间飞网抛射展开动力学建模与仿真[J]. 宇航学报, 2010, 31(5): 1289-1296.

[4] 崔乃刚, 齐乃明, 程俊仁. 绳系卫星系统系绳展开及剪断后轨道参数的计算[J]. 哈尔滨工业大学学报, 1995(1): 97-100.

[5] SORENSEN K. Conceptual design and analysis of an MXER tether boost station[C]//37th Joint Propulsion Conference and Exhibit. Reston, VA: AIAA, 2001. DOI: 10.2514/6.2001-3915.

[6] BAKER N, ALEXANDER F, BREMER T, et al. Workshop report on basic research needs for scientific machine learning: core technologies for artificial intelligence[R]. USDOE Office of Science, Washington, D.C., 2019.

钟睿，北京航空航天大学宇航学院副教授、博士生导师，北航宇航学院院长助理、飞行器设计系教学副主任。研究方向为空间绳系体动力学与控制、空间挠性结构耦合非线性动力学与智能控制。作为负责人主持国家自然科学基金（面上项目 1 项、青年项目 1 项）、航天科技集团创新基金（重点项目）、国防重点实验室开放基金等纵 / 横向课题。以第一作者或通信作者身份发表学术论文 50 余篇。担任国际会议 International Conference on Tethers in Space 2019 技术委员会委员；国际期刊 *International Journal of Space Science and Engineering* 编委；第九届中国自动化学会空间及运动体控制专业委员会委员等。近期关心的研究内容包括：绳系空间拖船、基于智能算法的航天器动力学建模与控制。

任和，北京航空航天大学宇航学院博士生。研究方向为基于智能算法的航天器动力学建模与控制。

人工智能助力飞行动力学与控制新发展

北京航空航天大学宇航学院

龚胜平　程　林

先进飞行器是一个国家立于世界之林，突破技术封锁、保障国家安全的国之重器，也是人类作为一个共同体，探测地外世界、认知宇宙起源的主要手段[1]。动力学与控制系统是飞行器的“大脑”，直接决定了飞行器飞行任务的完成质量乃至成败[2]。经过60余载的奋力发展，在几代航天人的努力拼搏下，通过打造东风、长征、神舟、嫦娥、天宫、天问等一系列工程，我国已跻身于世界航天强国行列[3]。近年来，随着工程项目的延续推进，一方面，飞行器不断突破物理边界（尺寸、时空、速域、探测条件等），飞行环境的复杂性大大增加，动力学建模受死区/迟滞/饱和非线性特性、模型迁移、建模成本、复杂气动流场、结构弹性等诸多不利因素影响，实际飞行动态特性与理论动力学模型存在非线性结构和参数差异，高精度动力学建模面临严峻挑战[4]；另一方面，工程上对飞行控制的品质（如跨域变体飞行器对控制稳定性的要求[5]、火星着陆探测器对着陆算法自主性的要求[6-7]、韦伯望远镜对控制精度的要求[8]等）提出了更高要求，现有控制方法面临诸多不足[9]。提升复杂环境下飞行动力学建模精度、控制决策的自主性和智能化水平是未来先进飞行器亟待解决的关键难题，目前还缺乏系统解决方案。

人工智能作为一类新兴战略技术，近年来取得了举世瞩目的进展，是各国竞争的新高地[10]。我国相关部门先后印发各类发展规划和白皮书，指导和布局人工智能发展，致力于抢抓人工智能发展的重大战略机遇，构筑我国人工智能发展的先发优势。人工智能基于数据驱动的模型训练新机制，能够挖掘潜藏在数据中的物理规律，为传统学科机理分析和解析模型提供了重要补充手段[11]。飞行器作为一类特殊的被控对象，一方面，前期大量理论分析、数值仿真和风洞测试获得的动力学模型可用于控制系统设计，但获得的样本数据有限；另一方面，在飞行器半实物仿真测试以及实物飞行过程中，可以获得持续更新的样本数据。如何充分利用这些样本数据，创新性融合传统动力学模型、控制理论和新兴的深度学习、强化学习等人工智能工具，提升飞行器飞行动力学建模精度、控制决策的自主性和智能化水平，是目前学术界关注的热点。

本文将围绕传统动力学与控制发展面临的瓶颈、人工智能带来的最近进展、总结和展望几个方面，进行简单介绍。

人工智能——突破瓶颈的新可能

从动力学建模角度来看，精确的动力学模型是实现飞行器运动规律推演的基础，也是高精度自主控制指令生成的主要依据 [12]。以牛顿力学和分析力学为基础，结合一定力学经验和工程要求，可建立飞行动力学正问题机理模型 [13]。常见的动力学建模方法有拉格朗日法、牛顿 - 欧拉法、空间算子代数、凯恩方法、李群 / 李代数描述方法、旋量方法等。考虑到死区 / 迟滞 / 饱和非线性特性、模型迁移、建模成本、复杂气动流场、结构弹性等诸多不利因素影响，实际工程难以精确获得飞行器动力学模型的结构参数和特征参数，从而难以满足未来复杂不确定环境下的高精度控制的建模精度需求。例如，在小行星的绕飞探测任务中，由于前期探测手段有限，小行星总体参数的偏差会导致其引力场计算模型存在偏差 [14]；基于理论分析和数值仿真试验获取的临近空间高超声速飞行器气动模型也存在较大误差 [15]；软体机器人目前缺乏系统的动力学建模方法等 [16]。

从控制角度来看，复杂不确定环境下的高精度控制和实时最优决策存在困难。从具体实现途径来看，控制主要包括反馈控制（基于李雅普诺夫稳定性定理）、最优控制（基于变分法和极小值原理）和强化学习（基于动态规划原理）3 类 [17]。基于李雅普诺夫稳定性定理的反馈控制能够依据当前指令信号和状态解析计算控制指令，具有易于实现、实时性好以及稳定可靠的优点。反馈控制根据是否依赖动力学模型可进一步细分为误差反馈控制方法（如 PID 或者增益调度 PID 等）和模型反馈控制方法（如动态逆、滑模、自适应控制等）。以 PID 为代表的误差反馈控制方法不依赖被控对象的精确动力学模型，易于实现，具有一定鲁棒性，工程应用也最为广泛。然而，该类方法不依赖动力学，无法充分发挥飞行器本身的动力学特性，导致控制结果趋向于保守。与此同时，PID 也不太适用于处理高阶系统和多输入多输出系统。另外，基于现代控制理论发展起来的模型反馈控制方法能够根据被控对象动力学特点，精确设计被控对象状态的微分变化，进而能够充分发挥被控对象的动力学特性，实现更快、更稳的控制效果 [18]。然而，现有的模型反馈控制方法依赖精确的动力学模型。飞行控制的性能随着动力学模型的误差急剧恶化，这很大程度上限制了模型反馈控制方法的应用，现有的解决思路主要朝着鲁棒控制和自适应控制两条线发展。基于变分法和极小值原理的最优控制在综合考虑终端、过程、控制等多种约束情况下，能实现特定优化指标的最优轨迹搜索。以间接法、凸优化、伪谱法为代表的最优控制数值求解方法在导弹、火箭、月球探测、小行星探测等诸多领域取得了大量的研究成果 [19]。然而，最优控制数值求解需要精确的动力学模型（又称状态方程），动力学模型误差会严重影响规划轨迹的精度。目前，强不确定系统的实时最优控制和鲁棒性分析还缺乏代表性成果。与此同时，现有最优控制数值求解方法在计算效率和实时性上，也无法满足在线飞行控制的需求。基于动态规划原理的强化学习方法能够通过与被控对象的不断数据交互和学习经验总结，实现最优策略的优化 [20]。强化学习特别是深度强化学习作为当今人工智能研究的一个重要研究方向，在飞行器控制、机器人控制、自动驾驶等方面展现出出色的应用前景。当前，人工智能领域普遍崇尚无模型的学习策略，即在不需要对被控对象精确建模的前提下，通过单纯数据交互实现最佳控制策略的学习。然而，飞行器作为一类特殊的研究对象，高成本和高可靠性要求导致海量的交互训练几乎不可能，强化学习飞行控制策略的学习训练也始终绕不开高精度动力学模型的需求。与此同时，现有强化学习在学习效率、收敛性、约束满足上均存在不足，距离真正的飞行应用还有很大的提升空间。

近年来，人工智能的飞速发展为飞行器动力学在线学习和高精度自主控制的实现提供了新可能。人工智能是计算机科学的一个分支领域，主要研究人类智能活动的规律，构造具有一定智能的人工系统，也就是研究如何应用计算机的软硬件来模拟人类某些智能行为的基本理论、方法和技术。人工智能属于应用范畴，在算法层面主要依赖机器学习算法。机器学习又可分为监督学习、无监督学习和强化学习。其中，基于深度学习的神经网络（监督学习算法）的飞跃式发展促进了近年来机器学习研究的再次活跃，引领了第三次人工智能的发展浪潮。深度神经网络映射能力好、学习能力强、适应性广、纯数据驱动的优点使其在图像识别、自然语言处理、健康医疗等任务中具有超过人类的表现。深度学习主要实现数据的函数映射功能，可用来解决智能辨识问题。不同的是，强化学习主要针对马尔可夫决策问题，通过与被控对象的不断交互和迭代学习，生成可供全局决策的最优策略，可解决智能中的决策问题。深度神经网络为强化学习的智能存储提供了强大记忆载体。应运而生的深度强化学习适合解决复杂且难以建模的应用场景问题，其有效性在围棋 AlphaZero 算法中得到验证 [21]。深度强化学习已经在工业自动化、数据科学、神经网络优化、医学等方面逐渐开展应用 [22]。总之，人工智能基于存储、记忆、预训练的应用模式为传统学科难题的解决提供了新途径。近年来，人工智能应用于飞行器动力学与控制，用以提升飞行控制的自主性和智能化水平的研究备受关注。

人工智能——助力技术新发展

控制和人工智能学科都萌芽于 20 世纪中期，都致力于减少人工参与、提升被控对象的自动化水平和智能化水平。由于发展动机类似，两者在发展过程中一直存在着紧耦合，人工智能与动力学、控制结合的切入点灵活多变、层出不穷，代表性成果更是不胜枚举。下面简单介绍几个相关研究方向的成果。

1. 人工智能助力动力学建模

前面已经提到，精确的动力学模型是实现飞行器运动规律推演的基础，也是高精度自主控制指令生成的主要依据。与控制策略学习相比，作者更加偏爱飞行动力学模型的在线学习，原因有二：① 飞行动力学反映的是飞行器运动的客观规律，动力学模型是描述这客观规律的至简形式；控制策略不但跟飞行动力学模型相关，还跟人为的控制偏好和应用场景约束有关系。从问题复杂度来分析，动力学模型学习只需要考虑当前状态和控制输入，而控制策略学习还要额外考虑控制偏好和各种约束，复杂度大大增加。② 高精度动力学模型既可以应用于反馈控制器、最优控制器的设计和强化学习算法的训练，也可应用于模拟推演和算法测试，应用方式更加灵活，应用范围也更加广泛。

理论动力学模型与实际动力学演化规律的区别是多年来困扰动力学研究者的最大挑战。利用实际观测数据来修正动力学模型是一条自然而然的研究途径，并衍生出系统辨识这一专门控制子学科。系统辨识中常用的最小二乘法、卡尔曼滤波等都可以看作最简单的机器学习方法，并取得了比较不错的效果。近年来，深度学习的发展为动力学模型的学习提供了承载力更强的载体，为复杂问题的模型学习提供了更大可能。人工智能与动力学建模的结合，主要瞄着两个目标：① 提升模型计算效率；② 提升模型精度。

在提升模型计算效率方面：针对某些动力学模型计算复杂、计算效率低、实时性差等问题，人工智能可以以监督学习的方式训练和学习模型的输入输出关系，替代原有模型，在保证精度可接受的前提下，提升模型计算效率。2019 年，我们团队为了训练不规则小行星智能着陆控制器，需要大量生成最优轨迹，虽然多面体引力场模型精度很高，但是计算量却很大。为此，我们尝试用神经网络训练引力场计算替代模型，用于最优轨迹的生成，计算效率提升了 50 多倍[23]。

在提升模型精度方面：高精度动力学模型一方面可以提升传统控制方法中状态辨识的精度和指令生成的准确性，另一方面也可以用于智能控制策略训练和学习（如模仿学习和强化学习），降低智能控制器与实物交互的频次，从而大幅度降低学习代价。2022 年，我们团队在高超声速轨迹跟踪控制的研究工作中，控制器持续收集飞行过程中的数据，并利用深度神经网络学习和补偿动力学模型的未知项，实现了模型精度的持续提升[24]。动力学模型精度的提升，一方面提升了状态辨识的精度，另一方面也改善了控制效果。

美国俄克拉荷马州立大学的 Pawar 等将简单却精度不足的气动模型与神经网络相结合，实现了空气动力模型的精确映射[25]。加州伯克利大学的 Peng 等将模型学习和模仿学习结合起来，大幅度降低了学习成本并提升了学习效果[26]。与此同时，加州伯克利大学的 Nagabandi 等还将模型学习与强化学习结合起来，降低了强化学习与实物的交互需求[27]。苏黎世联邦理工学院机器人系统实验室在强化学习训练腿式机器人研究中，也用到了数据驱动下的模型学习，大幅提升了实际学习效果。

2. 人工智能助力反馈控制

从反馈控制角度来看，动力学模型存在不确定性是反馈控制面临的主要挑战。前面已提到，反馈控制方法主要包括以 PID 为代表的误差反馈控制方法和以极点配置、滑模控制、模型参考自适应控制为代表的模型反馈控制方法。PID 与人工智能的结合主要朝着 PID 参数智能优化与 PID 参数在线智能调度两个方向开展。PID 参数智能优化主要是基于控制偏好和鲁棒性要求，采用遗传算法、蚁群算法等启发式算法对 PID 参数进行离线优化。PID 参数在线智能调度的本质还是增益在线调度，以支持向量机和深度学习为代表的监督学习方法取得了良好的智能调度效果。模型反馈控制方法具有充分发挥动力学特性的优势，同时也严重依赖模型的精度。为了改善模型反馈控制方法对模型误差的容忍能力，解决思路主要朝着鲁棒控制和自适应控制两条线发展。从本质上来看，自适应控制就是基于实时飞行数据，在线估计动力学不确定性，并以控制补偿的形式修正实际控制指令，从而提升控制器对模型不确定性的适应能力。人工智能与自适应控制相结合的智能自适应控制，是反馈控制研究领域最重要方向之一，研究成果比比皆是。

在动力学模型学习的基础上，我们也尝试引入飞行数据驱动下的控制器在线学习机制，通过神经网络的迭代学习，以实现控制指令的精确化，从而达到动态匹配飞行动力学的目的。

加州理工学院的研究人员创新性结合自适应控制、深度学习和元学习，将不同风场下的旋翼实测数据引回到控制回路在线学习中，实现了不确定风场下的精确飞行控制。

3. 人工智能助力最优控制

最优控制是现代控制理论的一个重要分支，着重于研究使控制系统的性能指标实现最优化的基本条件和综合方法。最优控制数值求解方法主要包括间接法（变分法、极小值原理）、直接法（多重打靶、凸优化、伪谱法等）和动态规划方法。现有最优控制数值求解方法主要面临两点不足：① 收敛性不足；② 实时性差。人工智能对这两点也有改善作用。

在改善收敛性不足方面，人工智能方法基于离线学习的机制可以为传统最优控制数值求解方法提供良好的初值。在小行星着陆轨迹规划中，我们构建深度神经网络用于间接法初始解的预测，辅以同伦方法，实现了间接法的 100% 打靶，大大提升了间接法的可靠性。

同时，我们还构建了基于深度神经网络的时间预测器，实现了运载火箭动力着陆段最优终端时间的高精度预报，在此基础上利用凸优化方法实现了高效轨迹规划。人工智能可以辅助算法不再需要复杂的迭代运算，相比于基于迭代的凸优化算法计算效率能够提高一个数量级。

在改善最优控制实时性方面，传统的解决思路是采用最优控制方法，离线生成大量的最优控制样本，以监督学习的方式构建状态与最优控制的网络映射，从而在线驱动实现最优控制。在这方面，我们团队针对小行星着陆、太阳系小推力转移和可重复火箭着陆问题都做了针对性尝试，并取得一定效果。另外，欧洲航天局的 Izzo Dario 团队、麻省理工学院的 Richard Linares、亚利桑那大学的 Roberto Furfaro 都做了大量开创性的工作。其中，Izzo Dario 团队提出的逆向最优积分法很有意思，有感兴趣的读者可以关注一下。

强化学习实际上就是自适应动态规划方法，是改善最优控制实时性的另一个思路。近年来随着深度学习的发展，深度强化学习在动力学与控制中的应用也越来越广泛。深度强化学习在小推力空间转移、空间交会对接、飞行器悬停等方向已经有广泛应用。然而，作者其实对无模型深度强化学习在精确最优方面的应用并不看好。主要原因有 4 点：① 无模型深度强化学习处理约束的手段不合理，约束是以惩罚函数的形式添加到奖励函数，这导致优化结果既不是指标最优，也无法保证约束，我认为约束强化学习才是未来发展方向；② 会强调原始驱动（传感器之间采集的数据），设计者不必过于计较模型，只需要调整学习算法即可，但是这也导致学习的可解释性和可控性非常差，难以分析和量化评估，而这一点是工程上比较看重的；③ 强化学习虽然可以不需要实际模型，但是依赖训练模型，如果实际模型与训练模型存在出入，智能控制器的性能表现就完全不可保证；④ 无模型深度强化学习放弃了力学原理中蕴含的宝贵解析和先验知识，数据利用率奇低，样本需求量巨大，这在航天领域基本不可承受。

基于以上认识，我们团队在 2020 年一项工作中尝试性解决以上几个难题，创新性地结合模型学习、间接法和神经网络，构建了一套新型网络学习架构 identifier-actor-optimizer，这可以看作模型反馈控制约束强化学习，具有一般问题的解决潜力。

4. 人工智能助力最优决策

人工智能算法其实并不擅长解决像动力学、反馈控制和最优控制这些机理清晰、数学严谨的问题，反而更适合解决机理模糊、规律隐藏在数据中且大量数据可方便获取的决策问题。人工智能在助力最优决策方面，需要重点关注两点：一个是性能智能预估；另一个是序列快速决策。

在性能智能预估方面，传统上，如果要对一个问题进行总体评价，那么就需要一个性能函数，但这个性能函数往往需要对这个问题进行确定性求解才可以获得，费事费力。例如，我们需要判断飞行器的可达性、射程、燃料消耗等。在这里，人工智能的一个解决思路就是通过大量离线求解生成数据库，再用机器学习方法将规律找出来，并应用于在线性能快速预估，来支撑后续的判断和决策。我们团队在太阳帆转移时间预测、小推力燃料消耗预测、运载火箭着陆可达性判定、高超声速飞行器滑翔射程预测等方面都做过尝试，并取得了一定的效果。国防科技大学罗亚中教授团队，也利用深度学习来判断小推力轨道转移的可行性，准确率出色。性能函数的快速智能预估为在线决策提供了重要的信息支撑，应用场景包括打击目标快速筛选、机动突防、协同配合、序列规划等。

在序列快速决策方面，有趣的例子更多。例如，OpenAI 公司基于强化学习构建的多智能体捉迷藏游戏，智能体能够做出一些人类认知之外的策略；谷歌公司的 QT-Opt 算法能够实现复杂环境下的物体抓取和摆正。深度强化学习用来解决组合优化问题也具有非常大的应用前景。例如，山东大学的宋文团队就将注意力机制和深度强化学习结合起来，实现了旅行商问题的高效求解，相关算法在空间碎片序列清零、小行星序列探测等方面具有比较大的应用潜力。

结语

以深度学习为代表的人工智能算法目前备受关注。人工智能算法在解决飞行器飞行动力学与控制难题上具有巨大的应用潜力，也衍生出一系列需要进一步解决的难题。基于前期研究经历，在此分享下面 4 点建议。

（1）经典动力学与控制技术、新兴人工智能各自具有优势和不足，它们之间不应是取代关系，而应是通过双方的交叉融合实现优势的互补。经典动力学与控制技术发展到今天，存在一定的技术瓶颈。百尺竿头，更进一步，动力学与控制技术应当充分认识和吸收人工智能的优势，尤其是深度学习的存储、记忆、预训练的应用模式。与此同时，围绕飞行控制设计任务，纯人工智能算法忽视被控对象自身动力学和控制规律、信奉纯数据驱动的“懒汉”策略也注定是低效的、无用的。围绕经典动力学、控制技术与新兴人工智能创新性结合的研究将是飞行器智能控制领域的重要研究反向。

（2）以深度学习为代表的人工智能算法为传统学科难题的解决提供了新的工具，但它也仅仅是工具而已。从应用上看，人工智能算法为传统学科提供了存储、记忆、预训练的新应用模式，解决了传统技术目前遇到的一些难题，尤其是实时性难题。然而从数学上来看，深度学习网络也仅仅是承担了数据间的函数拟合功能。在飞行智能控制器的设计中，人工智能算法的实现往往并非最大的技术瓶颈，而真正的关键技术往往在于，如何通过一系列建模和简化手段，将原飞行控制问题转换成一个人工智能算法可以解决和善于解决的问题。实践表明，转换后的问题越明确、越简单，就越有助于智能策略学习效率和收敛性的提升。

（3）人工智能当前仍处于计算智能阶段，训练好的神经网络只能在训练集范围内有可靠的表现，还不具备范围外的推演能力。考虑到飞行控制问题大多是非线性控制问题，因此训练好的神经网络在数据集范围外的效果并不能保证。如何构建问题及确定训练集的边界，保证训练数据的全覆盖性也是未来研究的重要议题。

（4）通用的智能动力学模型是未来智能飞行控制实现的关键之一。目前人工智能与飞行控制的结合更多关注的是控制本身，而对动力学部分关注比较少。以无模型强化学习为代表的强化学习方法甚至试图直接忽略被控对象的动力学特征，单纯靠数据驱动来实现最优控制策略的学习。不可否认，此类方法在某些虚拟/特殊问题，如没有交互成本的游戏、难以动力学建模的互联网交互活动上是适用的。但是在航空航天飞行控制中，考虑到学习效率和交互成本，动力学模型依然无可替代。与此同时，比起不同控制器不同参数对控制规律的影响的复杂性，动力学模型是推演未来飞行规律的基础，更加易于人工智能算法学习的实现。

参考文献

[1] 程林, 蒋方华, 李俊峰. 深度学习在飞行器动力学与控制中的应用研究综述[J]. 力学与实践, 2020, 42(3): 267-275.

[2] 胡海岩, 孟庆国, 张伟, 等. 动力学, 振动与控制学科未来的发展趋势[J]. 力学进展, 2002, 32(2): 294-296.

[3] 于登云, 孙泽洲, 孟林智, 等. 火星探测发展历程与未来展望[J]. 深空探测学报, 2016, 3(2): 108-113.

[4] RISTEVSKI S, MERVE DOGAN K, YUCELEN T, et al. Output feedback adaptive control of uncertain dynamic systems with actuator dynamics[J]. Journal of Guidance, Control, and Dynamics, 2021, 44(12): 2311-2317.

[5] SZIROCZAK D, SMITH H. A review of design issues specific to hypersonic flight vehicles[J]. Progress in Aerospace Sciences, 2016(84): 1-28.

[6] GROTZINGER J P, CRISP J, VASAVADA A R, et al. Mars Science Laboratory mission and science investigation[J]. Space Science Reviews, 2012, 170(1): 5-56.

[7] LU P. Theory of fractional-polynomial powered descent guidance[J]. Journal of Guidance, Control, and Dynamics, 2020, 43(3): 398-409.

[8] KALIRAI J. Scientific discovery with the James Webb space telescope[J]. Contemporary Physics, 2018, 59(3): 251-290.

[9] SHIROBOKOV M, TROFIMOV S, OVCHINNIKOV M. Survey of machine learning techniques in spacecraft control design[J]. Acta Astronautica, 2021(186): 87-97.

[10] 张钹, 朱军, 苏航. 迈向第三代人工智能[J]. 中国科学: 信息科学, 2020, 50(9): 1281-1302.

[11] GOODFELLOW I, BENGIO Y, COURVILLE A. Deep learning[M]. Cambridge: MIT Press, 2016.

[12] 黄文虎, 曹登庆, 韩增尧. 航天器动力学与控制的研究进展与展望[J]. 力学进展, 2012, 42(4): 367-394.

[13] 李俊峰, 张雄. 理论力学[M]. 北京: 清华大学出版社, 2010.

[14] CHENG L, WANG Z B, JIANG F H, et al. Real-time optimal control for irregular asteroid landings using deep neural networks[J]. Acta Astronautica, 2020(170): 66-79.

[15] 叶友达, 张涵信, 蒋勤学, 等. 近空间高超声速飞行器气动特性研究的若干关键问题[J]. 力学学报, 2018, 50(6): 1292-1310.

[16] HUANG W, HUANG X, MAJIDI C, et al. Dynamic simulation of articulated soft robots[J]. Nature Communications, 2020, 11(1): 1-9.

[17] 张杰. 最优控制: 数学理论与智能方法. [M]. 北京: 清华大学出版社, 2017.

[18] 张嗣瀛, 高立群. 现代控制理论[M]. 北京: 清华大学出版社, 2006.

[19] JIANG F, BAOYIN H, LI J. Practical techniques for low-thrust trajectory optimization with homotopic approach[J]. Journal of Guidance, Control, and Dynamics, 2012, 35(1): 245-258.

[20] SUTTON R S, BARTO A G. Reinforcement learning: An introduction [M]. Cambridge: MIT Press, 2018.

[21] SILVER D, HUANG A, MADDISON C J, et al. Mastering the game of go with deep neural networks and tree search[J]. Nature, 2016, 529(7587): 484-489.

[22] MNIH V, BADIA A P, MIRZA M, et al. Asynchronous methods for deep reinforcement learning[J]. Proceedings of the 33rd International Conference on International Conference on Machine Learning, 2016(48): 1928-1937.

[23] CHENG L, WANG Z, SONG Y, et al. Real-time optimal control for irregular asteroid landings using deep neural networks[J]. Acta Astronautica, 2020(170): 66-79.

[24] CHENG L, WANG Z, GONG S. Adaptive control of hypersonic vehicles with unknown dynamics based on dual network architecture[J]. Acta Astronautica, 2022(193): 197-208.

[25] PAWAR S, SAN O, AKSOYLU B, et al. Physics guided machine learning using simplified theories[J]. Physics of Fluids, 2021, 33(1). DOI: 10.1063/5.0038929.

[26] PENG X B, COUMANS E, ZHANG T, et al. Learning agile robotic locomotion skills by imitating animals[J]. ArXiv Preprint arXiv:2004.00784, 2020.

[27] NAGABANDI A, KAHN G, FEARING R S, et al. Neural network dynamics for model-based deep reinforcement learning with model-free fine-tuning[C]//2018 IEEE International Conference on Robotics and Automation (ICRA). Piscataway, USA: IEEE, 2018: 7559-7566.

龚胜平，北京航空航天大学宇航学院教授、博士生导师，国家优秀青年科学基金获得者。研究方向为航天动力学与控制、智能飞行器研究。主持 4 项国家自然科学基金项目（包括 1 项国家自然科学基金优秀青年基金项目），参与两项国家自然基金重点项目，完成多项 973 计划、863 计划课题。参与多项国家重大航天任务。发表 SCI 论文近 100 篇，撰写国内第一本太阳帆专著《太阳帆航天器动力学与控制》。担任 *Astrodynamics* 期刊编委和副主编、《动力学与控制》期刊青年编委、AIAA 高级会员、空间科学学会青年理事。

程林，北京航空航天大学宇航学院副教授、博士生导师。研究方向为航天动力学与智能控制、博弈对抗与智能决策。主持国家自然科学基金青年科学基金项目、中国博士后科学基金面上项目和特别资助项目、国家纵向课题各 1 项，以及多项航天单位横向课题。发表学术论文 30 余篇，其中以第一 / 通信作者发表 SCI 论文 15 篇。